生物凝胶仿生人工肌肉

孙壮志 赵 刚 著

科学出版社

北 京

内 容 简 介

生物经过长久进化，优化出各种各样的形态、结构、材质和功能特征，学习与模拟生物耦合化的作用特征与行为机制是当前仿生领域发展的新趋势。生物凝胶仿生人工肌肉能够感知、判断、处理外部刺激，是一种典型的智能材料，对现代高技术新材料的发展意义重大。本书共 5 章，重点介绍离子凝胶仿生人工肌肉的发展与特点，研究不同种类生物质基仿生人工肌肉的基础制备、失效机制、偏转机理、性能特征及提升改善，讨论摩擦纳米发电机的相关性能和生物启发性离子仿生人工肌肉制备及应用，为柔性微驱动与传感等领域提供重要技术支持。

本书可供林业工程、机械工程、仿生工程、力学、高分子、电化学等领域的科研人员、技术人员和设计人员参考，也可作为相关专业的教学参考书。

图书在版编目（CIP）数据

生物凝胶仿生人工肌肉 / 孙壮志，赵刚著. —北京：科学出版社，2022.10

ISBN 978-7-03-072899-9

Ⅰ. ①生… Ⅱ. ①孙… ②赵… Ⅲ. ①生物材料－水凝胶－肌肉－仿生－技术－研究 Ⅳ. ①TP242

中国版本图书馆 CIP 数据核字（2022）第 150889 号

责任编辑：张　庆　张　震 / 责任校对：樊雅琼
责任印制：吴兆东 / 封面设计：无极书装

科 学 出 版 社 出版
北京东黄城根北街 16 号
邮政编码：100717
http://www.sciencep.com

北京中石油彩色印刷有限责任公司 印刷
科学出版社发行　各地新华书店经销

*

2022 年 10 月第 一 版　开本：720 × 1000　1/16
2023 年 2 月第二次印刷　印张：11 1/2
字数：225 000

定价：**108.00** 元
（如有印装质量问题，我社负责调换）

前　　言

全球生物质资源作为天然高分子的主要原料，在自然界储量丰富、种类多样。从细胞信息存储到拥有保护作用的外壳，生物体的天然高分子材质拥有广泛的功能与结构特点。除了常见的林木资源外，虾壳、蟹壳、秸秆等废弃资源也是生物质资源的重要组成部分。纵观我国生物质资源的利用现状，这类绿色生物质资源的利用效率并不高，浪费与污染问题严重。如何将这些生物质废弃物变废为宝、提高其利用价值，进而服务于国家可循环经济、节约型社会与生态文明建设，成为行业的当务之急。

近年来，以天然高分子材料制造绿色电子器件的新技术与新方法不断涌现，可穿戴设备、软体机器人、柔性储能器件和可折叠显示的柔性电子产品备受关注，开发柔性纳米功能器件成为当前学术界和产业界的研究热点。导电水凝胶结合了导电高分子的电化学性能与水凝胶的柔软特征，具有较大的比表面积和出色的电子传输及离子传输能力，是构筑柔性离子型仿生人工肌肉的优势材料。同时，离子型仿生人工肌肉凭借驱动电压低、柔性好、密度小、能耗低、变形大等优势，成为诸多工程应用领域的理想选择。

作者在仿生工程与林业工程同仁的支持下，经过多年预研和立项研究，以多种类生物质材料与仿生凝胶人工肌肉的制备、性能及应用技术为核心，最终完成本书的撰写。本书主要取材于国家自然科学基金青年项目（No. 51675112、No. 51905085）成果和团队科研论文。全书共 5 章，第 1 章主要介绍离子凝胶仿生人工肌肉及运动离子与聚合物交联的发展与特点；第 2 章和第 3 章主要讨论了不同种类生物质基仿生人工肌肉的基础制备、失效机制、偏转机理、性能特征及提升改善；第 4 章主要讨论了纳米基摩擦纳米发电机的相关性能；第 5 章主要讨论了生物启发性离子仿生人工肌肉的制备及性能分析。

本书参阅了国内外相关文献资料，在此向所有原作者与译者一并表示感谢，向关心与支持本书出版的学者、专家和同事表示诚挚的谢意！

限于时间和作者水平，书中不妥之处在所难免，恳请读者不吝赐教，谨致谢忱！

孙壮志

2022 年 7 月

目　　录

第1章 绪　　论

1.1　离子凝胶仿生人工肌肉的研究现状

有关电活性聚合物的研究自 20 世纪 90 年代开始逐渐深入，离子凝胶电驱动器作为一种离子型电活性聚合物（electroactive polymer，EAP），在电激励下能够产生明显的尺寸与形状变化[1-3]，而在机械振动下能够产生相应的电激励信号，成为微型机器人领域中制造驱动器与传感器的最具有发展潜力的仿生材料之一[4,5]。同时，离子凝胶电驱动器作为一类机电一体化产品，将传统电机与齿轮传动分离机制融为一体，可以轻型化、小型化、柔性化，为旧装备升级改造与新装备开发提供了新思路[6-8]。此外，离子凝胶电驱动器具有密度小、制造成本低、工艺便捷、低电压驱动、柔韧性好等诸多优势，在航空航天、水下装备制造、仿生设备制造、生物医疗及能量收集等领域具有重大的应用潜力[9,10]。因此，离子凝胶电驱动器成为当今学术界的研究热点，被列为国家高科技创新能力的前沿技术之一，更是 21 世纪人工智能研究的新方向。

进入 21 世纪，随着科技进步，将传统机械与电融合并实现机电一体化，进而使驱动装备轻型化、小型化、柔性化成为社会发展的共识。伴随着仿生学的诞生，以模仿生物系统特性或生物行为方式等构建起的人工智能研究成为学术界的主流，其中，"人工肌肉"成为当前仿生学研究的重要分支[11-13]。与传统意义的人工肌肉采用的智能材料（如形状记忆金属、电活性陶瓷）相比，EAP 因具有柔性好、密度小、能耗低、变形大等优势而备受关注，在电激励下 EAP 能够快速实现尺寸与形状的伸缩变化，成为制备传感器与驱动器的优良选择[14,15]。

航空航天领域是智能材料潜在的应用领域之一，美国国家航空航天局（National Aeronautics and Space Administration，NASA）较早将其应用于新型太空装备的开发，由其制备的驱动器密度小、体积小，可满足远程探索机器人装备、太空雨刷等驱动需求[16-18]。在仿生机器人制造领域，人工肌肉具有柔性好、变形大等特性，在机械抓手、鱼鳍、昆虫翅膀、行走足等方面获得了突破性进展。此外，在生物医学领域，EAP 也出现了诸多尝试性的研究，如隔膜式微型泵、活性微型导管、主动内窥镜和手术微镊等[19-21]，这都积极推动了 EAP 商业化进程。

根据形变机理，EAP 主要包括电场型与离子型[22,23]，如表 1-1 所示。电场型

EAP 主要分类为电伸缩材料（如形状记忆金属）、铁电材料及压电材料等。在直流电压下，通过内部库仑力诱导其应变，具有较大的表面能密度，响应速度快，但需要几千伏的激发电压，这使其应用安全性面临挑战。相对而言，离子型 EAP 通过离子迁移诱导表层形变，具有驱动电压低（1～5 V）、形变大、柔性好等优势，因而获得学术界广泛关注。

表 1-1 电场型及离子型 EAP 特性

特性	电场型	离子型
激励电压	大	小
可控性	易	难
能量密度	均匀	不均匀
驱动机理	库仑力	离子迁移
电解质	无	有
位移变化	改变形状或空间	弯曲偏转
主要代表	压电材料、铁电材料、弹性材料、静电材料等	离子聚合物凝胶、IPMC、导电聚合物等

当前，离子型 EAP 主要有离子聚合物凝胶（即离子凝胶电驱动器）、离子聚合物金属复合材料（ionic polymer metal composites，IPMC）、导电聚合物等。通过对离子型 EAP 驱动机理分析发现，IPMC 的驱动实质是依靠内部阳离子迁移引起水分浓度变化而产生表层应变，引起驱动变形；导电聚合物则是利用电极发生氧化还原反应，导致聚合物电荷不平衡而引起驱动变形。此前，IPMC 成为学者普遍研究的对象，其优异的弯曲形变与响应速度使其在仿生机器人、微医疗器械、水下推进等方面成果突出[24-30]，如图 1-1 所示。然而，随着研究的深入，人们发现与 IPMC 相比，离子凝胶电驱动器与碳族衍生物的兼容性更有利于制备柔性电极；同时，与导电聚合物相比，离子凝胶电驱动器的响应速度更快，制备形式多样化，使得离子凝胶电驱动器的研究具有巨大潜能。因此，近年来，离子凝胶电驱动器（也叫离子凝胶仿生人工肌肉）受到了学术界普遍青睐。

1.1.1 碳纳米管类人工肌肉的研究

在新材料研究领域，纳米材料是近 20 年来兴起的核心部分，碳纳米管与石墨烯作为碳族元素的典型代表[31, 32]，以其独特的大表面积、高导电、高机械强度等物理性能与结构优势呈现出强大的应用前景（图 1-2）。

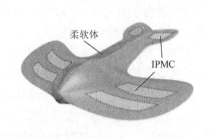

(a) 仿生软体鱼

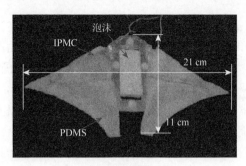

(b) 仿生鳐鱼

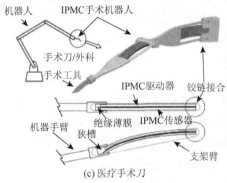

(c) 医疗手术刀

(d) 仿生水母

图 1-1　IPMC 不同工程实践领域的应用示意图

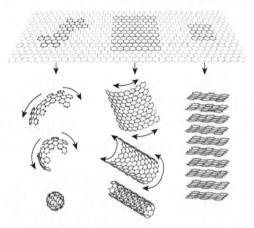

图 1-2　石墨烯与碳纳米管的结构模型

自 1991 年日本的饭岛澄男（Lijima Sumio）发现碳纳米管（carbon nanotubes，CNTs），其以独特的结构、机械、电学性能逐渐成为科学家关注的焦点，学术界针对其性能与结构进行了大量研究工作，取得了诸多突破性进展[33]。现阶段碳纳米管主要分为单壁碳纳米管（single-walled carbon nanotubes，SWCNT）与多壁碳纳米管

（multi-walled carbon nanotubes，MWCNT），碳纳米管由于具有优异的力学、电学和热学特性与良好的生物兼容性，较早应用于离子凝胶电驱动器的制造。

在单壁碳纳米管制备离子凝胶聚合物驱动器方面，Baughman 等[34]最早报道了采用单壁碳纳米管制备聚合物凝胶驱动器，无离子夹层结构改善了聚合物凝胶驱动器的响应速度，实验证实，与传统铁电体相比，基于优化纳米片的碳纳米管驱动器能够提供更为稳定的周期工作性能，如图 1-3 所示。随后，Guo 等[35]发表了碳纳米管驱动器电激励弯曲的报道，在外界场强为 1 N/C 时能产生优于传统材料 10%的应变，其响应电容与体积变化分别优于铁电体、电伸缩材料的 6 倍与 3 倍。同年，Barisci等[36]使用脉冲电阻补偿改善电机械特性的碳纳米管驱动器，这种脉冲补偿能有效地改善电荷比与驱动应变比，最大的应变比可达 0.6%/s，且在 0.5 s 内实现量值为 0.3%的应变。通过离子液体（BMIBF$_4$）/聚偏氟乙烯-六氟丙烯（PVDF-HFP）与单壁碳纳米管混合液层层浇注的方法，Fukushima 等[22]制备了"Bucky gel"离子凝胶电驱动器，如图 1-4 所示，其研究极大地推动了打印制造机械设备的发展。Mukai 等[37]报道了一种毫米级"超级生长"的 SG-SWCNTs（单壁碳纳米管）与离子液体混合的离子凝胶电驱动器，在 3 V 电激励下弯曲时间仅需 1 s。同年，Sugino 等[38]研究了一种变化添加剂方式的"Bucky gel"离子凝胶电驱动器，发现非导电的介孔氧化硅与导电的聚苯胺对于驱动器的电荷存储效果具有重要影响。Mukai 等[39]制备了一种高响应速度的离子凝胶电驱动器，电极伏安测试结果表明这种高响应速度源于 SG-SWCNTs 的氧化还原反应，其驱动器结构如图 1-5 所示。Li 等[40]报道了一种创新的单壁纳米管悬臂梁式电机械驱动的凝胶驱动器，其响应速度可达 19 ms，具有惊人的应变率（1080/s）与超高的机械能密度（244 W/kg）。Giménez 等[41]开发了一种离子液体的单壁碳纳米管驱动器，在高频信号 2 V 方波下机电响应速度达到 100 Hz，说明较好地分离电容与感应电流有助于电化学设备的精确设计与开发。Terasawa 等[42]研究了一种裹敷氧化钌的单壁碳纳米管离子凝胶驱动器，相对于传统的碳纳米管聚合物驱动器，获得了较大应变，如图 1-6 所示。同时，Terasawa 等相继研究了电极与电解质的自扩散参数与离子传导对实现离子凝胶电驱动器低电压驱动的重要意义[43]。

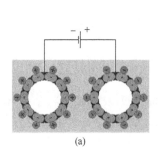
(a)

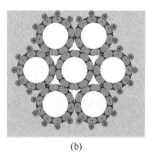
(b)

图 1-3　Baughman 等的碳纳米管驱动器

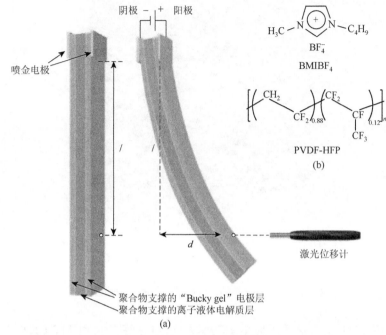

图 1-4 Fukushima 等的"Bucky gel"离子凝胶电驱动器

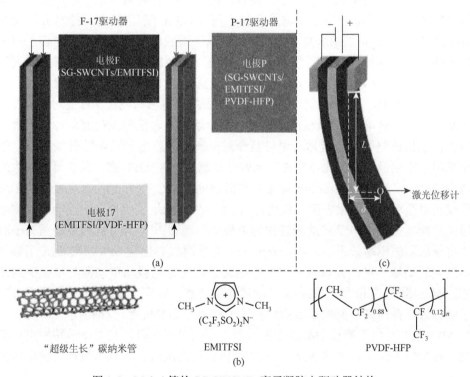

图 1-5 Mukai 等的 SG-SWCNTs 离子凝胶电驱动器结构

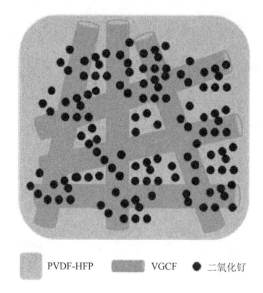

PVDF-HFP   VGCF   ● 二氧化钌

图 1-6　Terasawa 等的单壁碳纳米管离子凝胶驱动器

在 MWCNT 制备离子凝胶电驱动器方面，Lu 等[44]采用 MWCNT 与离子液体、壳聚糖聚合物构筑了具有生物兼容性的离子凝胶电驱动器，较早提出了采用 MWCNT 制备凝胶电驱动器的想法。同年，Liu 等[45]研究可控对齐结构的 MWCNT 与 Nafion 膜纳米复合材料电极的离子凝胶电驱动器，实验论证了该电极的弹性效果能够明显抑制内部应力，并提高驱动应变（4 V 激励下应变大于 8%），如图 1-7 所示。Terasawa 等[46]报道了 MWCNT 与 PVDF-HFP 聚合物的离子凝胶电驱动器，通过与单壁碳纳米管驱动器的电机械与电化学性能对比发现，MWCNT-COOH 能改善电极层表面湿润性、增加比表面积，使驱动性能增强。同年，他们研究了离子液体与电极组分对于离子凝胶电驱动器的性能影响，结果表明，产生最大应变比单壁碳纳米管驱动器大 1.8～2.5 倍，且获得了较快的响应速度[47]。随后，Terasawa 等采用非活性的 MWCNT 和氧化钌电极研制了离子凝胶电驱动器，结果表明，氧化钌与 MWCNT 满足大应变与快速响应，驱动器的性能远远优于单壁碳纳米管作为电极的驱动器[48]。为了进一步增强离子凝胶电驱动器的驱动效果，同年，Terasawa 等采用二氧化锰 MWCNT 制造了离子凝胶电驱动器，对比发现双电层电容远大于氧化钌电极的驱动器与单壁碳纳米管的驱动器[49]。Liu 等[50]制备离子凝胶电驱动器，观察了 MWCNT 电极附近离子的分散，得出离子两端积累的体积诱导弯曲变形的机理。Zhao 等[51]研究了一种 MWCNT 与离子液体的凝胶电驱动器，实验对其电机械与电化学特性进行研究。实验结果说明，提高 MWCNT 在电极材料的浓度，可以有效地改善电机械效率。

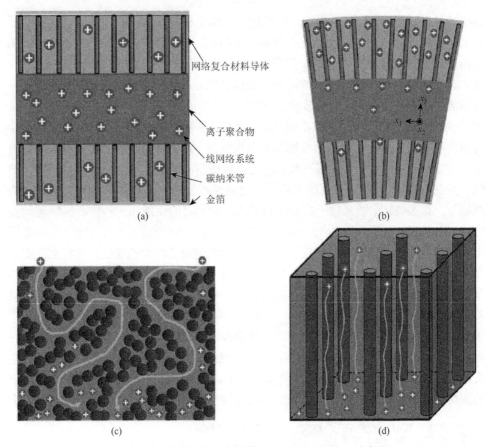

图 1-7 Liu 等的可控对齐结构的 MWCNT/Nafion 电极层

1.1.2 石墨烯类人工肌肉的研究

2004 年，英国曼彻斯特大学的 Novoselov 等[52]认为石墨烯是依靠弱作用力堆积成层状的石墨结构，进而成功剥离了世界上最薄的材料石墨烯，将人们对石墨的认识提升至二维晶体领域，带动了学术界新的研究热潮。除了具备碳纳米管的电学、热学和力学等物理性能外，石墨烯具有完美的晶格结构，其离子域的 π 电子可以在单层碳原子中自由移动，同时，组成碳原子间较强的 σ 键，使其具有较快的内部电子传递速度（8×10^5 m/s）与极好的柔性。此外，石墨烯含有较大的比表面积（2630 m²/s）与较高的导热系数[5000 W/(m·K)]，综合这些特征，石墨烯作为纳米导电材料的新星，在离子凝胶电驱动器的制备中表现出较大优势。

在石墨烯制备离子凝胶电驱动器方面，Bunch 等[53]在 Science 上发表了有关石墨烯谐振器的电机械性能报告，采用氧化石墨烯机械剥离得到单层与多层石墨烯制造纳米电机械系统；其实验说明，最薄的谐振器包含一个悬浮原子，代表了二维纳米电机系统的极限。Becerril 等[54]基于还原氧化石墨烯电极片制造了凝胶传导器；其实验研究了不同还原工艺下单层氧化石墨烯的电阻率与透光度，论证了工艺处理的氧化石墨烯具备电极传导潜能。Liang 等[55]提出了石墨烯纳米聚合物的红外触发驱动器；其实验发现，随着石墨烯浓度的增加，机械性能显著增强，弹性模量增加 120%，石墨烯环结构的完整性与其分散状态对驱动器的性能至关重要，如图 1-8 所示。Park 等[56]浇筑了石墨烯的离子凝胶电驱动器，如图 1-9 所示；其通过羧基化的碳纳米管与氧化石墨烯的组合制造了聚合物驱动器电极层，发现驱动性能受温度与湿度影响很大。Liang 等[57]提出了采用石墨烯制备电机械驱动器的方法；为了防止石墨烯皱缩，其在石墨烯中掺杂 F_3O_4 纳米粒子制造磁性石墨烯的驱动器，发现在 1 V 电的激励下，掺杂 F_3O_4 纳米粒子的磁性石墨烯的驱动器的性能高于传统石墨烯驱动器 56%，离子驱动运动如图 1-10 所示。同年，Rogers 等[58]研究了高性能氧化石墨烯电极的凝胶电驱动器，深入研究了非平行共价键碳原子材料的潜能，其实验证实了在应变与应力值分别为 5% 与 100 GPa 时氧化石墨烯与微机械系统的关键作用。同年，Zhu 等[59]采用微型打印制造方法提出了一种石墨烯电极的有机悬臂梁微型驱动器，其实验获得了较大的位移 5 μm 与较快的响应速度，如图 1-11 所示。Shin 等[60]采用喷涂打印方法制造了柔性传动石墨烯电极的声学驱动器，可应用于极薄和超轻的扬声器。Lu 等[61]报道了一种气相沉淀石墨烯纳米片膜获得大变形的电驱动器，电极的石墨烯结构平行于电场方向，更加有利于离子传递。同年，Lu 等[62]提出了基于石墨烯纳米片膜与碳纳米结构镶嵌组合电极的悬臂梁驱动器，该驱动器能在空气中

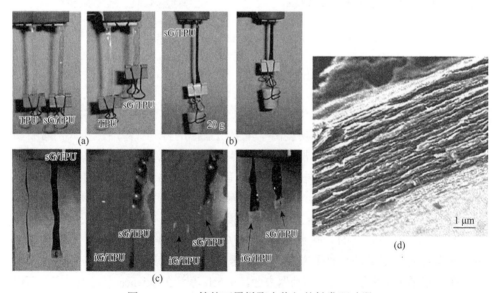

图 1-8 Liang 等的石墨烯聚合物红外触发驱动器

TPU 为热塑性聚氨酯；sG/TPU 为热塑性聚氨酯纳米复合材料；iG/TPU 为异氰酸酯-石墨烯/热塑性聚氨酯

稳定工作，见图 1-12（a）。Wang 等[63]采用石墨烯与聚吡咯的偏心结构浇筑成了柔性多功能的纤维驱动器，该驱动器具有较高的柔性与耐疲劳性，可用于制造多自由度机械手与抓取器。同年，Lu 等[64]将 AgNP 镀于氧化石墨烯表层，通过进一步还原反应制备了氧化石墨烯与银混合的离子凝胶电驱动器，如图 1-12（b）所示，进一步对其内部阳极偏转的机理进行了解释。Ghaffari 等[65]通过对其剥离氧化石墨烯的方式获得了高弹性能密度与高效能的离子电机械驱动器，其弹性能密度高达 5 J/cm^3，电机械转化效率高达 3.5%。

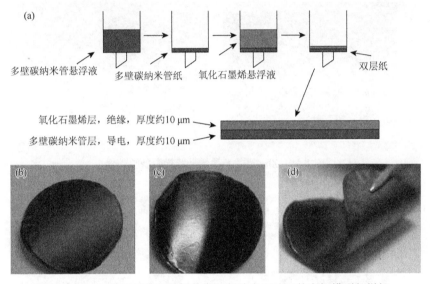

图 1-9　Park 等浇筑的石墨烯的离子凝胶电驱动器的电极模型与样机

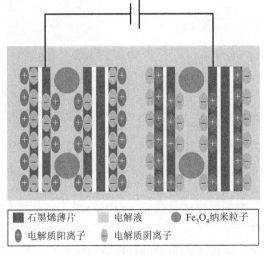

图 1-10　Liang 等的石墨烯纳米聚合物离子驱动运动图

图 1-11　Zhu 等的石墨烯悬臂梁微型驱动器

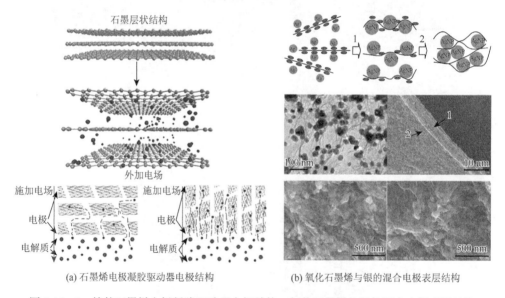

(a) 石墨烯电极凝胶驱动器电极结构　　　(b) 氧化石墨烯与银的混合电极表层结构

图 1-12　Lu 等的石墨烯电极凝胶驱动器电极结构、氧化石墨烯与银的混合电极表层结构

　　上述研究表明，采用单壁碳纳米管、MWCNT、石墨烯作为电极制造离子凝胶电驱动器的研究取得了突飞猛进的发展，离子凝胶电驱动器的研究已经获得学者的普遍认可。然而，通过改善电极的导电特性进而提升驱动性能只是研究离子

凝胶电驱动器的一个方面。离子凝胶电驱动器作为一个崭新研究方向，仍然存在许多方面的问题未被解决，如内部运动离子诱发偏转运动的机理、自身的生物兼容性满足实践应用需要等。这些问题的解决对于掌握生物凝胶电驱动器内部离子运动机理、改善生物凝胶电驱动器的驱动性能、推动其在工程实践领域的应用发展意义重大。

1.2　离子凝胶仿生人工肌肉的优化改性研究现状

离子凝胶电驱动器的电驱动层源于燃料电池领域的质子交换膜，是一种离子电解质层[66]，主要由聚合物与迁移离子组成，实现隔离正负极与离子传输的双重作用。离子电解质能够进行自由离子迁移运动，具有离子电导率高、稳定性好且不易自燃、化学稳定性高、不与电极发生反应、弯曲性能好、机械强度大等诸多优势；离子电解质介于液体电解质与固体电解质之间，由聚合物（基材，能吸附离子并作为离子迁移的载体）、增塑剂（促进阳离子迁移而提高电导率）、阳离子三部分组成。离子电解质形成一定微孔结构的聚合物交联网络，该网络结构能固定液态的离子电解质分子，实现运动离子的传导。因此，上述离子电解质的研究为电驱动层内部聚合物与运动离子的研究提供了重要的参考依据。

1.2.1　聚合物组成的研究

当前，在燃料电池领域中通常用于制造离子电解质的聚合物主要有聚氧乙烯（PEO）、聚丙烯腈（PAN）、聚甲基丙烯酸甲酯（PMMA）、聚氯乙烯（PVC）、聚偏氟乙烯（PVDF）以及聚偏氟乙烯-六氟丙烯（PVDF-HFP），相关的聚合物参数如表 1-2 所示。

表 1-2　常见的聚合物参数

聚合物骨架	单元结构式	玻璃化温度（℃）	熔点（℃）
PEO	$+CH_2CH_2O+_n$	−64	65
PVC	$+CH_2CHCl+_n$	85	—
PAN	$+CH_2CHCN+_n$	215	317
PMMA	$+CH_2C(CH_3)COOCH_3+_n$	105	—
PVDF	$+CH_2CF_2+_n$	−40	171
PVDF-HFP	$+CH_2CF_2+_n+CF_2-CF(CF_3)+_m$	−90	135

　　通过对当前文献的掌握与整理发现，已有采用不同类型的聚合物制备离子凝胶电驱动器的相关报道，当前使用的聚合物主要有 PVDF、PVDF-HFP、Nafion、纤维素、聚吡咯、Flemion、丁腈橡胶等，部分报道综述如下。

　　Fukushima 等[22]研究了 Bucky gel 离子凝胶电驱动器，其中，电驱动层主要由 PVDF-HFP、BMIBF$_4$ 离子液体组成，通过层层浇筑工艺直接制造，在空气中具有较长的寿命；Mukai 等[67]以 PVDF-HFP 为聚合物骨架，提出了离子液体的"Bucky gel"，通过热压的方法，分别在离子液体组成、电极材料等方面开展了大量深入的研究工作。Terasawa 等[68, 69]提出"Bucky gel"的驱动机理，如图 1-13 所示，离子液体阴阳离子体积不同，分别在电压作用下朝两端运动，使表层产生形变。Landi 等[70]研究了 Nafion 溶液的单壁碳纳米管驱动器，驱动器的内部包含锂离子，极端位移可以达到 4.5 mm。Guo 等[71]采用 Nafion 溶液与 SiO$_2$ 共混，浇筑成多孔 Nafion 的离子交换驱动器，该驱动器在 2.5 V 电压下具有 3.78 g 的输出力和 7.2 mm 的尖端位移。Jung 等[72]采用 Nafion 浇筑电驱动层的方法制造了石墨烯驱动器，能够明显改善响应速度、输出力等参数。Kim 等[73, 74]以纤维素为聚合物，研究了一种纤维素膜的驱动器，并对驱动器的驱动性能进行了研究。同时，Yun 等[75-77]提出了驱动器的变形机理。由于纤维素的氨基吸附醋酸阴离子，在电场作用下，阴离子拉动链条运动实现驱动器的弯曲变形。Wang 等[63]采用石墨烯和聚吡咯纤维混合制造了一种简单机电控制的多功能驱动器，其灵活性和耐用性高，可以进一步设计制造多自由度镊子与驱动器，如图 1-14 所示。Cho 等[78]采用丁腈橡胶（NBR）作为聚合物电驱动层，实验采用循环伏安法和氧化还原的方法切换动态对离子液体聚合物电解质进行研究。Wang 等[79]报道了一种 Flemion 离子液体传感器，

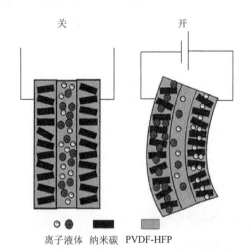

关　　　　　　　　开

离子液体　纳米碳　PVDF-HFP

图 1-13　Terasawa 等的"Bucky gel"驱动机理

相比 Nafion 传感器，其具有更为清晰的感应信号；实验表明，Flemion 传感器可持续工作两周，水分蒸发会导致传感性能退化，需要采用非易失水性溶剂提高Flemion 传感器的耐久性，如图 1-15 所示。

图 1-14　Wang 等的多功能驱动器

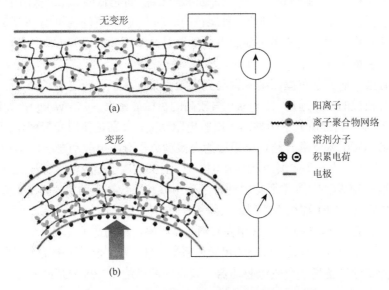

图 1-15　Wang 等的 Flemion 传感器原理示意图

上述不同类型的聚合物推动了离子凝胶电驱动器的制造朝着不同方向发展。然而，不同类型的聚合物制备离子凝胶电驱动器的研究仍存在诸多隐患。大部分聚合物属于高污染材料，在工艺制备前期，原材料会残留大量有毒物质。在实际应用过程中，上述聚合物类的离子凝胶电驱动器的生物兼容性差，无法应用于生物医疗等领域，限制了其应用领域。在后期应用开发过程中，上述聚合物类的离子凝胶电驱动器生物降解性差，存在二次污染问题。上述用于制造离子凝胶电驱动器的聚合物价格昂贵，制造成本高，制备工艺复杂，并不符合节能环保理念。因此，在保证离子凝胶电驱动器的学术研究价值的同时，需要兼顾节能高效的绿色制造理念，找到一种绿色、低价、生物性优异的聚合物制造离子凝胶电驱动器，推动离子凝胶电驱动器在生物与医学领域的应用发展。

　　壳聚糖是一种天然高分子材料，又名壳多糖、脱乙酰甲壳素、氨基多糖，具有价格低廉、资源广泛、生物降解快、无毒性等优点。同时，壳聚糖是天然多糖中唯一的碱性多糖，也是极少数具有电荷性的天然产物之一，含有丰富的羟基与氨基，较为活泼，具备极强的改造潜能。此外，壳聚糖主要产自甲壳类生物，是一种纯天然物质，具有极好的生物特性，即生物抗菌性、生物相容性和生物可降解性等。采用壳聚糖作为聚合物制造离子凝胶电驱动器，区别于上述带有二次污染隐患的离子凝胶电驱动器，在绿色驱动技术研究领域是一种开创性尝试。同时，这类壳聚糖的离子凝胶电驱动器具有良好的生物兼容性与生物可降解特性，在生物与医疗等研究领域具有重要的发展潜力。因此，采用壳聚糖作为聚合物的生物凝胶电驱动器，具有无毒性、生物兼容性优、生物降解性高、价格低廉、无二次污染等优势，对在离子凝胶电驱动器领域制造一种绿色的驱动方式，具有重要的学术研究价值。

　　壳聚糖作为聚合物的离子凝胶电驱动器是一个崭新的研究方向，相关报道寥寥无几，大量研究工作有待于深入，相关研究综述如下。Li 等[40]采用壳聚糖作为大分子骨架，研究了单壁碳纳米管与壳聚糖骨架的离子凝胶电驱动器，该类电驱动器具有较快的响应速度（19 ms）与较高的机械能密度（244 W/kg），如图 1-16 所示。Lu 等[44]相继研究了两种离子凝胶电驱动器，分别是使用壳聚糖作为聚合物的石墨烯和碳纳米管混合结构电极层的壳聚糖离子凝胶电驱动器（图 1-17）[62]，以及将壳聚糖作为石墨烯银纳米结构电极层[64]骨架的离子凝胶电驱动器。Zhao 等[80]以壳聚糖和 MWCNT 为主要材料制备壳聚糖凝胶聚合物驱动器，提出了壳聚糖凝胶聚合物驱动器的生物相容性制备工艺和有效热处理方法，为仿生人工驱动器的研究提供了新的思路。Lee 等[81]采用壳聚糖与聚吡咯纤维制造了壳聚糖传感器，相比传统的金属计量器，其具有较高的灵敏度系数。He 等[82]报道了采用石墨烯、离子液体、壳聚糖制备离子凝胶电驱动器，其表面能可达 37.98 MJ/m²，弯曲应变范

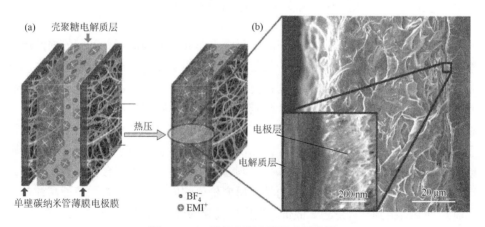

图 1-16　Li 等的电驱动器组成示意图

围为 0.032%~0.1%，其变形模型如图 1-18 所示。Altnkaya 等[83]研究了壳聚糖聚合物的离子凝胶电驱动器，通过傅里叶红外光谱、热重分析、X 射线衍射等实验测试分析，研究离子凝胶电驱动器的电化学性能，给出了最大电压为 21 V 的驱动性能规律。

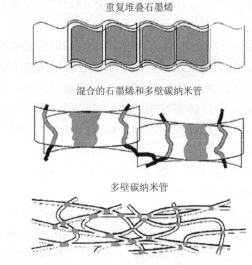

图 1-17　Lu 等的石墨烯与 MWCNT 电极模型

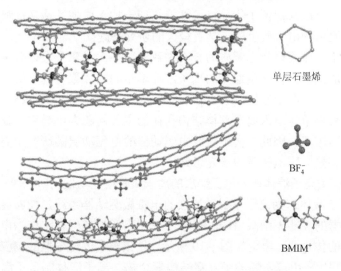

图 1-18　He 等的壳聚糖电驱动器弯曲变形模型

1.2.2　离子电解质的研究

最早有关离子液体的报道可追溯至 1914 年 Sugden 等制备的低温熔融盐硝基乙胺([EtNH$_3$]NO$_3$)，其熔点为 12℃，内部只存在游离的阴阳离子，无电中性分子。

Hurley 等[84]合成的 AlCl₃ 型室温离子液体，在室温空气与水中不稳定，限制了其应用领域。1992 年 Wilkes 等[85]基于 1, 3-二烷基咪唑盐类离子液体的研究，将氯铝酸根置换成 BF_4^-、PF_6^- 和 NO_3^-。Wilkes 研究的产品是第一类室温离子液体。与氯铝酸根置换的离子液体相比，新合成产品在水和空气中能够稳定存在，且可长期作为化学反应的介质，大大拓展了室温离子液体的应用范围。

离子液体（ionic liquid）又称室温熔融盐，是一些低于室温熔点或者接近室温熔点的离子化合物，室温下呈液态，其中阴阳离子以游离态存在。目前，理论上改变阴离子与阳离子种类，可以设计出成千上万种离子液体，实际已报道的离子液体只有约千种。按照离子液体在水中的溶解性，可将其分为亲水性离子液体和疏水性离子液体两类；根据酸碱性的差异，可分为酸性、中性、碱性三类离子液体；按照阴离子的不同，可分为卤化盐类（对水和空气不稳定）和氯铝酸盐离子液体（对水和空气稳定）；按照离子液体阳离子不同，可分为季铵盐类、咪唑类、锍盐类、吡啶类、吡唑类、噻吩类等。

离子液体具有电化学窗口较宽，电导率高，在高温范围内不挥发、不易燃，且环境友好等诸多优点，在电池与电化学电容器的电解质与增塑剂方面表现出了广泛的应用潜力。其应用形式主要有两种：一种是直接用作液体电解质[86, 87]，另一种是引入聚合物基材复合得到离子液体聚合物电解质[88-90]，由于后者具备离子液体的优点，所以其保留了优异机械性能、便于加工成型等诸多优势。因此，这类离子液体聚合物电解质引起了学者极大的研究兴趣。

有关离子液体聚合物电解质的分类大致有两种：①离子液体分子与聚合物基材共混，形成内部无化学键连接的离子液体增塑的固体聚合物电解质；②在聚合物分子链间接引入离子液体分子（不饱和双键的阳离子结构）形成聚合物电解质。当前，在聚合物单体引入离子液体结构存在的主要问题为电导率不稳定，合成工艺复杂，成本较高。因此，离子凝胶电驱动器的电驱动层的研究主要借鉴离子液体增塑的固态聚合物电解质的研究思路。

当前，有关离子液体作为电驱动层的离子凝胶电驱动器的研究现状如下。Ding 等[91]研究离子液体作为离子电解质溶液的电机械驱动器系统，能够显著增加运动周期且驱动器的性能无削减。Bennett 等[92]采用离子液体代替水作为电解质溶剂制备离子液体的传导器，模型如图 1-19 所示，结果表明，传导器的响应速度显著提高。Vidal 等[93]采用聚乙烯的半互穿结构聚合物与离子液体制备了离子液体驱动器，该驱动器具有较好的驱动性能，能在空气中驱动一个月。Akle 等[94]通过研究离子液体进入电解质并结合电极分割工艺设计了一种离子液体驱动器，结果表明，驱动器具有较好的电容值，在 3 V 电压下能够实现大于 2%的应变。Cho 等[95]基于丁腈橡胶与离子液体 BMITFSI 制备高离子导电性的驱动器，其热机械特性与离子导电性实验表明，20℃时驱动器最大的电导率为 0.000254 S/cm。Wang 等[96]研究了 Flemion 的离子液体驱动器，对比水溶液的电驱动层，离子液体电驱动层的水分蒸发较慢，性能更为优异。Mukai 等[67]研究一种离子液体的"Bucky gel"，在低电压条件下实验结果表明驱动器的最大应力与应变分别为 4.7 MPa 与 1.9%。Takeuchi 等[97]研究了单壁碳纳米管与离子液体驱动器的电化学阻抗谱和机电行为，基于传输线电路模型模拟一个多孔电极的等效电路模型，如图 1-20 所示。Terasawa 等[98, 99]基于碳纳米管与离子液体凝胶制造一种高性能的离子液体驱动器，并研究了不同的离子液体的阴离子对驱动器的驱动效果，结果说明驱动器可以应用于实践。Safari 等[100]研究发现加入锂离子的离子液体电驱动层的电容显著升高，驱动器的寿命延长，响应速度加快，驱动位移改善。Dias 等[101]采用离子液体 $[C_2MIM][NTf_2]$ 与聚合物基材制备不同离子质量分数与厚度的驱动器，弯曲位移随着驱动器厚度的减小而增加，在 10 V、0.5 Hz 电激励下弯曲位移为偏转 0.0006 mm。

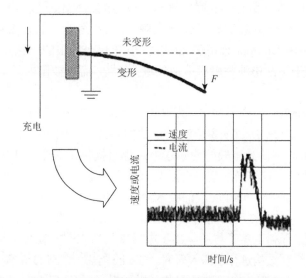

图 1-19　Bennett 等的离子聚合物膜制备的传导器

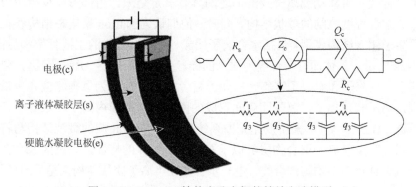

图 1-20　Takeuchi 等的多孔电极的等效电路模型

上述研究表明，作为驱动器电驱动层，离子液体以其较宽的电化学窗口、优异的离子电导率，以及高温范围内不挥发、不易燃、环境友好等诸多优点获得了学术界的共识。从离子凝胶电驱动器的首创性角度而言，这是一类具有重大意义的研究发现。然而上述研究问题仅局限于离子液体作为电驱动层的离子电解质溶液在离子凝胶电驱动器驱动性能方面的实验研究，当前其他种类的离子电解质溶液取代离子液体的情况并未获得证实；电驱动层内部的运动离子与离子凝胶电驱动器的运动偏转行为有着密切联系，这种运动偏转行为机理并未被清晰地阐明，迫切地需要深入研究。

1.2.3　聚合物交联方法的研究

早期电驱动层内部聚合物交联的雏形可以追溯到 Nafion 膜内部的分子组成结构。Nafion 膜又称全氟磺酸离子聚合物膜，CAS 号为 31175-20-9，结构式为 $C_9HF_{17}O_5S$，是美国 Du Pont 公司于 20 世纪 70 年代研究出的一种商业化的质子交换膜，主要应用于二次电池与燃料电池领域[102, 103]，而后被国内外学者用于 IPMC 驱动器的研究。

图 1-21 为 Nafion 的分子结构，其内部全氟化的 C—F 键的骨架结构使得膜层的化学稳定性优于 C—H 键的聚合物骨架结构。其中，固定的磺酸根离子可以与 H^+ 形成磺酸基团，不仅具有较好的吸水性，也可提供反离子（H^+）。同时，氟原子吸收电子特性使得其与磺酸基结合后具有优异的酸性强度，因此，Nafion 膜具有较好的导电性。此外，Nafion 膜的吸水溶胀性会削弱 H^+ 与 $—SO_3^-$ 的作用力，加速离子解离，形成自由移动的氢离子，通过水合氢离子的扩散与跳跃传输，质子在膜内实现传递，有利于离子传递与离子电导率的增强[104]。在分子结构的基础上，国内外学者对其微观结构进行了深入研究。Gierke 等[105, 106]与 Hsu 等[107]基于小角 X 射线衍射等方法对 Nafion 内部进行测试分析，提出了离子团簇的网格模型结构，认为碳氟骨架、可移动反离子及溶剂之间具有一定空隙，内部形成反相胶束，最终凝聚成水合程度控制的球状结构。同时，他们认为 Nafion 聚集态结构存在显著三相区离子团簇结构模型，包括水合离子团簇、全氟聚合物的主链骨架和界面区，如图 1-22 所示。具体而言，A 区为憎水的碳氟骨架区；C 区为离子簇区，包含磺酸基离子、反离子和水分子富集区；介于两者之间的 B 区为悬垂侧链和少量水分子、固定离子和反离子，离子团簇间形成的网格结构是膜内离子和水分子迁移的主要通道。Bunker 等[108]采用发光光谱系统研究了 Nafion 膜的微观结构与特性，结果说明交联全氟离子聚合物层类似于发光分子探针的特性，大量区域存在水分子和全氟聚合物的不均匀混合物，进一步证实了"离子团簇结构模型"的可靠性。Zhu 等[109]将离子和水分子在离子膜电极组件和电渗析膜中的传输进行比较，阐明

了离子膜电极组件和电渗析膜电极组件中的基本传输机制，提出了一种改进的输运模型。该模型考虑了对流效应作为主要的传输机制，也考虑了自扩散和电渗阻力，结构如图 1-23 所示。

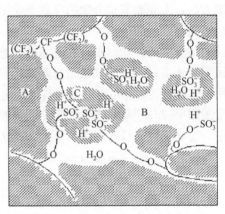

$$\left(\!\!\begin{array}{c} CF_2CF_2 \end{array}\!\!\right)_n CF_2CF \longrightarrow$$

$$\left(\!\!\begin{array}{c} OCF_2CF \end{array}\!\!\right)_m OCF_2CF_2 \longrightarrow SO_3^-H^+$$

$$CF_3$$

图 1-21　Nafion 的分子结构式　　　　图 1-22　Nafion 膜三相区离子团簇结构模型

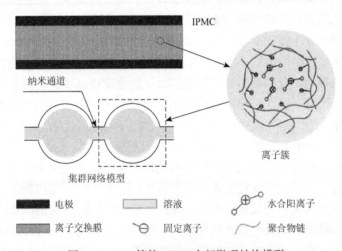

图 1-23　Zhu 等的 IPMC 内部微观结构模型

通过上述分析，可以发现，Nafion 膜内部分子结构存在三相区离子团簇的网格结构，这种网格结构主要采用交联方式获得，分子间的化学键形成的离子团簇交联网格能够显著改善电解质的力学性能，有利于电解质内部的离子传递及增强离子电导率。Nafion 膜的离子团簇网格结构是一种聚合物交联网格，这种聚合物交联网格使聚合物内部空间有序排布并改善电驱动层的离子运动效率。因此，为了获得高性能的离子凝胶电驱动器，采用合理方法对离子凝胶电驱动器的电驱动层进行网格交联具有重要意义。

　　壳聚糖的分子结构中包含了丰富的羟基与氨基，较为活泼，具备较强的改造潜能。因此，通过物理化学方法对壳聚糖分子进行交联改性，可以获得不同力学特性的凝胶电驱动层。当前，国内外学者研究了不同的壳聚糖聚合物交联剂与交联方法，为壳聚糖聚合物的交联工作提供了重要参考。Mi 等[110]调查了戊二醛交联壳聚糖水凝胶的溶胀应力-应变影响，结果表明，大交联密度会造成壳聚糖水凝胶的溶胀能力降低，聚合物链的松弛速率降低，药物释放速度下降。Chiou 等[111]采用离子交联剂三聚磷酸钠交联的壳聚糖，通过壳聚糖与染料之间的静电相互作用，交联的壳聚糖可以吸附染料从而达到解吸之前的吸附效果。袁彦超等[112]研究了采用甲醛与环氧氯丙烷作为交联剂的交联方法，结果表明，搅拌速度与试剂用量等对壳聚糖交联性能影响较大。Yang 等[113]采用乙二醛对壳聚糖纤维进行交联，主要针对乙二醛的浓度与 pH 条件进行了实验研究，结果表明，交联剂浓度为 4%、pH 为 4、交联反应温度为 40℃、交联时间控制在 60～70 min 时，交联效果最佳，并给出了增强壳聚糖纤维机械性能的机理。杨庆等[114]研究了采用乙二醛作为交联剂对壳聚糖纤维进行处理以增强纤维强度，结果表明，交联剂的化学结构有利于亲核试剂对壳聚糖的攻击，实验对其交联反应机理进行研究。Schiffman 等[115]研究了采用戊二醛蒸气与席夫碱亚胺不同交联程度的壳聚糖交联方法，交联后的分子平均直径增加了 161 nm，弹性模量降低为（150.8±43.6）MPa，基本不溶于酸性溶液，交联导致脆性增加、颜色变化。崔铮等[116]报道了硫酸作为交联剂交联壳聚糖膜，结果表明，交联后的壳聚糖膜的质子传导率提高 5 倍，约 0.0472 S/cm，改善原理基于硫酸有助于壳聚糖形成 NH_4^+，而 SO_4^{2-} 充当了离子桥梁，参与质子传递。李峻峰等[117]采用香草醛作为交联剂并对壳聚糖溶液进行交联处理，研究了内部的交联机理，证实了交联结构对载药微球释放效果明显。赵蕊等[118]对比分析了戊二醛与甲醛两种交联剂对壳聚糖微球的交联效果，采用电化学与红外光谱测试证实了戊二醛作为交联剂具有优异的交联特性。魏谭军等[119]采用离子交联法研究了制备壳聚糖纳米颗粒的最优化条件，研究主要针对反应体系 pH、超声时间、壳聚糖浓度、多聚磷酸钠对壳聚糖纳米颗粒平均尺寸的影响。

　　研究表明，交联能有效地改善聚合物壳聚糖缺陷，各类交联剂与交联方法的研究为壳聚糖的交联网格提供了不同手段，使得壳聚糖聚合物性能获得一定的改善。然而，尽管醛类的交联剂交联强度较好，但交联过程中毒性较大，生物兼容性较差；壳聚糖微球交联剂的研究仅针对生物医疗，尽管毒性低、生物兼容性好，但工艺过程较为复杂、成本较高。因此，迫切地需要一种天然交联剂，能够高效、便捷地对离子凝胶电驱动器的电驱动层进行交联。

　　以京尼平（Genipin）为交联剂，硝酸铈铵为原料，采用自由基接枝的方法将咖啡酸接枝到壳聚糖上，制备具有较高抗氧化活性且不溶于酸性介质的壳聚糖膜，这是一种很有前途的活性薄膜材料[120]。从分子而言，京尼平属于环烯醚萜类的杂环聚合物，具有羟基与羧基等多种活性基团，可以与氨基反应生成深蓝色素，达到单分子或多分子等不同的交联效果[121, 122]。

京尼平具有优异的交联强度、较好的生物兼容性、较低的细胞毒性，如表 1-3 所示。

表 1-3　戊二醛与京尼平基本特性对比表[123]

特性	京尼平	戊二醛
来源	生物提取	化学合成
成本	高	低
交联强度	高	低
交联结构	环状	网状
交联稳定性	高	一般
细胞毒性	低	高
生物相容性	高	较差
抗降解能力	高	一般

当前，并未发现关于京尼平交联壳聚糖在离子凝胶电驱动器领域的研究报道，其交联产物主要在生物医疗等领域发挥作用，有关综述如下。

Mi 等[124]报道了壳聚糖聚合物与天然交联剂京尼平交联的方法，发现这种交联反应与溶液 pH 紧密相关，由于不同交联程度和不同链长度的交联桥，交联后产物在不同的 pH 条件下表现出膨胀能力与抵抗酶水解特性有显著差异。Chen 等[125]研究了壳聚糖与京尼平交联反应的荧光特性，这类荧光产物的最佳激发与发射波长为 369 nm 与 470 nm，在壳聚糖与京尼平的交联比例为 4∶1 和高温条件下，荧光强度最大，说明其具有潜在的微胶囊膜表征特性。Yuan 等[126]报道了京尼平交联壳聚糖微球对蛋白质的释放效果，在 16 h 下膜层的溶胀率从 119.2%降低为 108.8%，通过控制壳聚糖微球与京尼平的交联程度进而控制与拓展蛋白质和药物输送。Silva 等[127]通过京尼平交联壳聚糖与丝素蛋白海绵的方法，研究其在生物工程领域的应用，并通过细胞培养评估了交联产物对软骨修复的潜力，说明交联产物有助于促进细胞的黏附、增殖与基质生长。Bispo 等[128]研究了采用京尼平交联壳聚糖与乙烯醇的生物兼容纳米混合物，发现水凝胶呈现出细胞生存能力、无毒性和持久性的特点，可以在生物工程进行应用。Yan 等[129]研究了京尼平交联胶原与壳聚糖应用于仿生关节软骨再生工程支架，结果表明，随着壳聚糖含量增加，支架的形态由纤维状向片状转化，京尼平的交联显著改变了支架内部的形态与空隙尺寸，支架的生物相容性通过体外培养兔子的软骨细胞而证实。Yang 等[130]提出将神经生长因子转入京尼平交联的壳聚糖上，CS-GP-NGF（壳聚糖-京尼平-神经生长因子）神经管道形成集成的系统连续释放神经生长因子，从而控制周围神经修复。Fernandes 等[131]提出采用京尼平交联壳聚糖酶固定化制备生物传感器，该方法应用于测定植物样件的总酚含量，证实了该方法的良好性能归因于有效的固定化漆酶对交联结构的支持。针对神经生长因子转换为神经导管提高周围神经再生问题，Aldana 等[132]提出了京尼平与乙烯基吡咯烷酮交联壳聚糖的交联膜，并对其功能与物理化学特性进行了实验研究，结果显示，由于膜层的热稳定性与机械特性，交联膜在药物传递方面具有巨大潜力。Lai[133]采用京尼平交联壳聚糖制造了一种眼前房材料，该仿生材料在术后 24 周内植入人体未造成严重眼内炎症，交联壳聚糖纳米粒子治疗眼后段疾病的效果目前正在调查中。

上述研究表明，天然交联剂京尼平交联聚合物壳聚糖在生物医疗等领域取得了显著的成果。然而，将其应用于离子凝胶电驱动器领域是一种创新的尝试，并无此类研究的报道，此种交联方法能够使电驱动层形成交联网格结构，提高离子的运动效率，改善离子凝胶电驱动器的驱动性能，进而使离子凝胶电驱动器趋于绿色化。

参 考 文 献

[1] Ikkala O, ten Brinke G. Functional materials based on self-assembly of polymeric supramolecules. Science, 2002, 295 (5564): 2407-2409.

[2] Anderson D G, Burdick J A, Langer R. Smart biomaterials. Science, 2004, 305 (5692): 1923-1924.

[3] Xie T. Tunable polymer multi-shape memory effect. Nature, 2010, 464 (7286): 267-270.

[4] Adhikari B, Majumdar S. Polymers in sensor applications. Progress in Polymer Science, 2004, 29 (7): 699-766.

[5] Keplinger C, Sun J Y, Foo C C, et al. Stretchable, transparent, ionic conductors. Science, 2013, 341 (6149): 984-987.

[6] Zhao Q, Dunlop J W C, Qiu X, et al. An instant multi-responsive porous polymer actuator driven by solvent molecule sorption. Nature Communications, 2014, 5: 4293.

[7] Kwon T, Lee J W, Cho H, et al. Ionic polymer actuator based on anion-conducting methylated ether-linked polybenzimidazole. Sensors and Actuators B: Chemical, 2015, 214: 43-49.

[8] Shahinpoor M, Kim K J. Ionic polymer-metal composites: Ⅰ. Fundamentals. Smart Materials and Structures, 2001, 10 (4): 819.

[9] Shintake J, Rosset S, Schubert B, et al. Versatile soft grippers with intrinsic electroadhesion based on multifunctional polymer actuators. Advanced Materials, 2016, 28 (2): 231-238.

[10] Sen I, Seki Y, Sarikanat M, et al. Electroactive behavior of graphene nanoplatelets loaded cellulose composite actuators. Composites Part B: Engineering, 2015, 69: 369-377.

[11] Inganäs O, Lundström I. Carbon nanotube muscles. Science, 1999, 284 (5418): 1281-1282.

[12] Baughman R H. Muscles made from metal. Science, 2003, 300 (5617): 268.

[13] Baughman R H. Playing nature's game with artificial muscles. Science, 2005, 308 (5718): 63-65.

[14] Sahoo H, Pavoor T, Vancheeswaran S. Actuators based on electroactive polymers. Current Science, 2001, 81 (7): 743-746.

[15] He Q, Song L, Yu M, et al. Fabrication, characteristics and electrical model of an ionic polymer metal-carbon nanotube composite. Smart Materials and Structures, 2015, 24 (7): 075001.

[16] Bar-Cohen Y, Leary S P, Yavrouian A, et al. Challenges to the application of IPMC as actuators of planetary mechanisms. SPIE's 7th Annual International Symposium on Smart Structures and Materials. International Society for Optics and Photonics, 2000: 140-146.

[17] Lee S G, Park H C, Pandita S D, et al. Performance improvement of IPMC (ionic polymer metal composites) for a flapping actuator. International Journal of Control Automation and Systems, 2006, 4 (6): 748-755.

[18] Yoon W J, Reinhall P G, Seibel E J. Analysis of electro-active polymer bending: A component in a low cost ultrathin scanning endoscope. Sensors and Actuators A: Physical, 2007, 133 (2): 506-517.

[19] Krishen K. Space applications for ionic polymer-metal composite sensors, actuators, and artificial muscles. Acta Astronautica, 2009, 64 (11-12): 1160-1166.

[20] Shahinpoor M. A review of patents on implantable heart-compression/assist devices and systems. Recent Patents on Biomedical Engineering, 2010, 3 (1): 54-71.

[21] Fang B K, Lin C C K, Ju M S. Development of sensing/actuating ionic polymer-metal composite(IPMC)for active guide-wire system. Sensors and Actuators A: Physical, 2010, 158 (1): 1-9.

[22] Fukushima T, Asaka K, Kosaka A, et al. Fully plastic actuator through layer-by-layer casting with ionic-liquid-based bucky gel. Angewandte Chemie International Edition, 2005, 44 (16): 2410-2413.

[23] Jayasinghe S N, Qureshi A N, Eagles P A M. Electrohydrodynamic jet processing: An advanced electric-field-driven jetting phenomenon for processing living cells. Small, 2006, 2 (2): 216-219.

[24] Lee S J, Han M J, Kim S J, et al. A new fabrication method for IPMC actuators and application to artificial fingers. Smart Materials and Structures, 2006, 15 (5): 1217.

[25] Guo S, Shi L, Ye X, et al. A new jellyfish type of underwater microrobot. 2007 International Conference on Mechatronics and Automation. Harbin, 2007: 509-514.

[26] Tiwari R, Kim K J, Kim S M. Ionic polymer-metal composite as energy harvesters. Smart Structures and Systems, 2008, 4 (5): 549-563.

[27] Giacomello A, Porfiri M. Underwater energy harvesting from a heavy flag hosting ionic polymer metal composites. Journal of Applied Physics, 2011, 109 (8): 084903.

[28] McDaid A J, Xie S Q, Aw K C. A compliant surgical robotic instrument with integrated IPMC sensing and actuation. International Journal of Smart and Nano Materials, 2012, 3 (3): 188-203.

[29] Nam D N C, Ahn K K. Design of an IPMC diaphragm for micropump application. Sensors and Actuators A: Physical, 2012, 187: 174-182.

[30] Palmre V, Hubbard J J, Fleming M, et al. An IPMC-enabled bio-inspired bending/twisting fin for underwater applications. Smart Materials and Structures, 2013, 22 (1): 014003.

[31] Velasco-Santos C, Martínez-Hernández A L, Fisher F T, et al. Improvement of thermal and mechanical properties of carbon nanotube composites through chemical functionalization. Chemistry of Materials, 2003, 15 (23): 4470-4475.

[32] 黄, 阿金旺德. 碳纳米管与石墨烯器件物理. 郭雪峰, 张洪涛, 译. 北京: 科学出版社, 2014.

[33] Iijima S. Helical microtubules of graphitic carbon. Nature, 1991, 354 (6348): 56-58.

[34] Baughman R H, Cui C, Zakhidov A A, et al. Carbon nanotube actuators. Science, 1999, 284 (5418): 1340-1344.

[35] Guo W, Guo Y. Giant axial electrostrictive deformation in carbon nanotubes. Physical Review Letters, 2003, 91 (11): 115501.

[36] Barisci J N, Spinks G M, Wallace G G, et al. Increased actuation rate of electromechanical carbon nanotube actuators using potential pulses with resistance compensation. Smart Materials and Structures, 2003, 12 (4): 549.

[37] Mukai K, Asaka K, Sugino T, et al. Highly conductive sheets from millimeter-long single-walled carbon nanotubes and ionic liquids: Application to fast-moving, low-voltage electromechanical actuators operable in air. Advanced Materials, 2009, 21 (16): 1582-1585.

[38] Sugino T, Kiyohara K, Takeuchi I, et al. Actuator properties of the complexes composed by carbon nanotube and ionic liquid: The effects of additives. Sensors and Actuators B: Chemical, 2009, 141 (1): 179-186.

[39] Mukai K, Asaka K, Hata K, et al. High-speed carbon nanotube actuators based on an oxidation/reduction reaction. Chemistry-A European Journal, 2011, 17 (39): 10965-10971.

[40] Li J, Ma W, Song L, et al. Superfast-response and ultrahigh-power-density electromechanical actuators based on hierarchal carbon nanotube electrodes and chitosan. Nano Letters, 2011 (11): 4636-4641.

[41] Giménez P, Mukai K, Asaka K, et al. Capacitive and faradic charge components in high-speed carbon nanotube actuator. Electrochimica Acta, 2012, 60: 177-183.

[42] Terasawa N, Mukai K, Asaka K. Superior performance of a vapor grown carbon fiber polymer actuator containing ruthenium oxide over a single-walled carbon nanotube. Journal of Materials Chemistry, 2012, 22 (30): 15104-15109.

[43] Terasawa N, Asaka K. High performance polymer actuators based on single-walled carbon nanotube gel using ionic liquid with quaternary ammonium or phosphonium cations and with electrochemical window of 6 V. Sensors and Actuators B: Chemical, 2014, 193: 851-856.

[44] Lu L, Chen W. Biocompatible composite actuator: A supramolecular structure consisting of the biopolymer chitosan, carbon nanotubes, and an ionic liquid. Advanced Materials, 2010, 22 (33): 3745-3748.

[45] Liu S, Liu Y, Cebeci H, et al. High electromechanical response of ionic polymer actuators with controlled-morphology aligned carbon nanotube/nafion nanocomposite electrodes. Advanced Functional Materials, 2010, 20 (19): 3266-3271.

[46] Terasawa N, Ono N, Mukai K, et al. A multi-walled carbon nanotube/polymer actuator that surpasses the performance of a single-walled carbon nanotube/polymer actuator. Carbon, 2012, 50 (1): 311-320.

[47] Terasawa N, Ono N, Mukai K, et al. High performance polymer actuators based on multi-walled carbon nanotubes that surpass the performance of those containing single-walled carbon nanotubes: Effects of ionic liquid and composition. Sensors and Actuators B: Chemical, 2012, 163 (1): 20-28.

[48] Terasawa N, Mukai K, Yamato K, et al. Superior performance of non-activated multi-walled carbon nanotube polymer actuator containing ruthenium oxide over a single-walled carbon nanotube. Carbon, 2012, 50 (5): 1888-1896.

[49] Terasawa N, Mukai K, Yamato K, et al. Superior performance of manganese oxide/multi-walled carbon nanotubes polymer actuator over ruthenium oxide/multi-walled carbon nanotubes and single-walled carbon nanotubes. Sensors and Actuators B: Chemical, 2012, 171: 595-601.

[50] Liu Y, Lu C, Twigg S, et al. Direct observation of ion distributions near electrodes in ionic polymer actuators containing ionic liquids. Scientific Reports, 2013, 3: 973.

[51] Zhao G, Sun Z, Wang J, et al. Development of biocompatible polymer actuator consisting of biopolymer chitosan, carbon nanotubes, and an ionic liquid. Polymer Composites, 2017, 38 (8): 1609-1615.

[52] Novoselov K S, Geim A K, Morozov S V, et al. Electric field effect in atomically thin carbon films. Science, 2004, 306 (5696): 666-669.

[53] Bunch J S, van der Zande A M, Verbridge S S, et al. Electromechanical resonators from graphene sheets. Science,

2007，315（5811）：490-493.

[54]　Becerril H A，Mao J，Liu Z，et al. Evaluation of solution-processed reduced graphene oxide films as transparent conductors. ACS Nano，2008，2（3）：463-470.

[55]　Liang J，Xu Y，Huang Y，et al. Infrared-triggered actuators from graphene-based nanocomposites. Journal of Physical Chemistry C，2009，113（22）：9921-9927.

[56]　Park S，An J，Suk J W，et al. Graphene-based actuators. Small，2010，6（2）：210-212.

[57]　Liang J，Huang Y，Oh J，et al. Electromechanical actuators based on graphene and graphene/Fe_3O_4 hybrid paper. Advanced Functional Materials，2011，21（19）：3778-3784.

[58]　Rogers G W，Liu J Z. High-performance graphene oxide electromechanical actuators. Journal of the American Chemical Society，2011，134（2）：1250-1255.

[59]　Zhu S E，Shabani R，Rho J，et al. Graphene-based bimorph microactuators. Nano Letters，2011，11（3）：977-981.

[60]　Shin K Y，Hong J Y，Jang J. Flexible and transparent graphene films as acoustic actuator electrodes using inkjet printing. Chemical Communications，2011，47（30）：8527-8529.

[61]　Lu L，Liu J，Hu Y，et al. Large volume variation of an anisotropic graphene nanosheet electrochemical-mechanical actuator under low voltage stimulation. Chemical Communications，2012，48（33）：3978-3980.

[62]　Lu L，Liu J，Hu Y，et al. Highly stable air working bimorph actuator based on a graphene nanosheet/carbon nanotube hybrid electrode. Advanced Materials，2012，24（31）：4317-4321.

[63]　Wang Y，Bian K，Hu C，et al. Flexible and wearable graphene/polypyrrole fibers towards multifunctional actuator applications. Electrochemistry Communications，2013，35：49-52.

[64]　Lu L，Liu J，Hu Y，et al. Graphene-stabilized silver nanoparticle electrochemical electrode for actuator design. Advanced Materials，2013，25（9）：1270-1274.

[65]　Ghaffari M，Zhou Y，Lin M，et al. High electromechanical reponses of ultra-high-density aligned nano-porous microwave exfoliated graphite oxide/polymer nano-composites ionic actuators. International Journal of Smart and Nano Materials，2014，5（2）：114-122.

[66]　Armand M B，Chabagno J M，Duclot M. Polymer solid electrolytes-an overview. Second International Meeting on Solid Electrolytes. Scotland，1978：20-22.

[67]　Mukai K，Asaka K，Kiyohara K，et al. High performance fully plastic actuator based on ionic-liquid-based bucky gel. Electrochimica Acta，2008，53（17）：5555-5562.

[68]　Terasawa N，Takeuchi I，Matsumoto H. Electrochemical properties and actuation mechanisms of actuators using carbon nanotube-ionic liquid gel. Sensors and Actuators B：Chemical，2009，139（2）：624-630.

[69]　Terasawa N，Takeuchi I. Electrochemical property and actuation mechanism of an actuator using three different electrode and same electrolyte in air：Carbon nanotube/ionic liquid/polymer gel electrode，carbon nanotube/ionic liquid gel electrode and Au paste as an electrode. Sensors and Actuators B：Chemical，2010，145（2）：775-780.

[70]　Landi B J，Raffaelle R P，Heben M J，et al. Single wall carbon nanotube-Nafion composite actuators. Nano Letters，2002，2（11）：1329-1332.

[71]　Guo D J，Fu S J，Tan W，et al. A highly porous nafion membrane templated from polyoxometalates-based supramolecule composite for ion-exchange polymer-metal composite actuator. Journal of Materials Chemistry，2010，20（45）：10159-10168.

[72]　Jung J H，Jeon J H，Sridhar V，et al. Electro-active graphene-Nafion actuators. Carbon，2011，49（4）：1279-1289.

[73]　Kim J，Wang N，Chen Y，et al. An electro-active paper actuator made with lithium chloride/cellulose films：Effects of glycerol content and film thickness. Smart Materials and Structures，2007，16（5）：1564.

[74] Kim J, Wang N, Chen Y. Effect of chitosan and ions on actuation behavior of cellulose-chitosan laminated films as electro-active paper actuators. Cellulose, 2007, 14 (5): 439-445.

[75] Yun S, Kim J. A bending electro-active paper actuator made by mixing multi-walled carbon nanotubes and cellulose. Smart Materials and Structures, 2007, 16 (4): 1471.

[76] Yun S, Chen Y, Nayak J N, et al. Effect of solvent mixture on properties and performance of electro-active paper made with regenerated cellulose. Sensors and Actuators B: Chemical, 2008, 129 (2): 652-658.

[77] Yun S, Kim J, Song C. Performance of Electro-active paper actuators with thickness variation. Sensors and Actuators A: Physical, 2007, 133 (1): 225-230.

[78] Cho M S, Nam J D, Lee Y, et al. Dry type conducting polymer actuator based on polypyrrole-NBR/ionic liquid system. Molecular Crystals and Liquid Crystals, 2006, 444 (1): 241-246.

[79] Wang J, Sato H, Xu C, et al. Bioinspired design of tactile sensors based on Flemion. Journal of Applied Physics, 2009, 105 (8): 083515.

[80] Zhao G, Yang J, Wang Y, et al. Preparation and electromechanical properties of the chitosan gel polymer actuator based on heat treating. Sensors and Actuators A: Physical, 2018, 279: 481-492.

[81] Lee S, Yi B J, Chun K Y, et al. Chitosan-polypyrrole fiber for strain sensor. Journal of Nanoscience and Nanotechnology, 2015, 15 (3): 2537-2541.

[82] He Q, Yu M, Yang X, et al. An ionic electro-active actuator made with graphene film electrode, chitosan and ionic liquid. Smart Materials and Structures, 2015, 24 (6): 065026.

[83] Altnkaya E, Seki Y, Ylmaz C, et al. Electromechanical performance of chitosan-based composite electroactive actuators. Composites Science and Technology, 2016, 129: 108-115.

[84] Hurley F H, Wier T P. Electrodeposition of metals from fused quaternary ammonium salts. Journal of The Electrochemical Society, 1951, 98 (5): 203-206.

[85] Wilkes J S, Zaworotko M J. Air and water stable 1-ethyl-3-methylimidazolium based ionic liquids. Journal of the Chemical Society, 1992, (13): 965-967.

[86] Bonhote P, Dias A P, Papageorgiou N, et al. Hydrophobic, highly conductive ambient-temperature molten salts. Inorganic Chemistry, 1996, 35 (5): 1168-1178.

[87] Fung Y S, Zhou R Q. Room temperature molten salt as medium for lithium battery. Journal of Power Sources, 1999, 81: 891-895.

[88] Doyle M, Choi S K, Proulx G. High-temperature proton conducting membranes based on perfluorinated ionomer membrane-ionic liquid composites. Journal of the Electrochemical Society, 2000, 147 (1): 34-37.

[89] Fuller J, Breda A C, Carlin R T. Ionic liquid-polymer gel electrolytes from hydrophilic and hydrophobic ionic liquids. Journal of Electroanalytical Chemistry, 1998, 459 (1): 29-34.

[90] Noda A, Watanabe M. Highly conductive polymer electrolytes prepared by in situ polymerization of vinyl monomers in room temperature molten salts. Electrochimica Acta, 2000, 45 (8): 1265-1270.

[91] Ding J, Zhou D, Spinks G, et al. Use of ionic liquids as electrolytes in electromechanical actuator systems based on inherently conducting polymers. Chemistry of Materials, 2003, 15 (12): 2392-2398.

[92] Bennett M D, Leo D J. Ionic liquids as stable solvents for ionic polymer transducers. Sensors and Actuators A: Physical, 2004, 115 (1): 79-90.

[93] Vidal F, Plesse C, Teyssié D, et al. Long-life air working conducting semi-IPN/ionic liquid based actuator. Synthetic Metals, 2004, 142 (1): 287-291.

[94] Akle B J, Bennett M D, Leo D J. High-strain ionomeric-ionic liquid electroactive actuators. Sensors and Actuators

A: Physical, 2006, 126 (1): 173-181.

[95] Cho M, Seo H, Nam J, et al. High ionic conductivity and mechanical strength of solid polymer electrolytes based on NBR/ionic liquid and its application to an electrochemical actuator. Sensors and Actuators B: Chemical, 2007, 128 (1): 70-74.

[96] Wang J, Xu C, Taya M, et al. A Flemion-based actuator with ionic liquid as solvent. Smart Materials and Structures, 2007, 16 (2): S214-S219.

[97] Takeuchi I, Asaka K, Kiyohara K, et al. Electrochemical impedance spectroscopy and electromechanical behavior of bucky-gel actuators containing ionic liquids. The Journal of Physical Chemistry C, 2010, 114 (34): 14627-14634.

[98] Terasawa N, Takeuchi I, Mukai K, et al. The effects of alkaline earth metal salts on the performance of a polymer actuator based on single-walled carbon nanotube-ionic liquid gel. Sensors and Actuators B: Chemical, 2010, 150 (2): 625-630.

[99] Terasawa N, Takeuchi I, Matsumoto H, et al. High performance polymer actuator based on carbon nanotube-ionic liquid gel: Effect of ionic liquid. Sensors and Actuators B: Chemical, 2011, 156 (2): 539-545.

[100] Safari M, Naji L, Baker R T, et al. The enhancement effect of lithium ions on actuation performance of ionic liquid-based IPMC soft actuators. Polymer, 2015, 76: 140-149.

[101] Dias J C, Lopes A C, Magalhães B, et al. High performance electromechanical actuators based on ionic liquid/poly (vinylidene fluoride) . Polymer Testing, 2015, 48: 199-205.

[102] Rhee C H, Kim H K, Chang H, et al. Nafion/sulfonated montmorillonite composite: A new concept electrolyte membrane for direct methanol fuel cells. Chemistry of Materials, 2005, 17 (7): 1691-1697.

[103] Song D, Wang Q, Liu Z, et al. A method for optimizing distributions of Nafion and Pt in cathode catalyst layers of PEM fuel cells. Electrochimica Acta, 2005, 50 (16): 3347-3358.

[104] Bennett M D, Leo D J, Wilkes G L, et al. A model of charge transport and electromechanical transduction in ionic liquid-swollen Nafion membranes. Polymer, 2006, 47 (19): 6782-6796.

[105] Gierke T D. Ionic clustering in Nafion perfluorosulfonic acid membranes and its relationship to hydroxyl rejection and chlor-alkali current efficiency. Journal of the Electrochemical Society, 1977, 124 (8): C319.

[106] Gierke T D, Munn G E, Wilson F C. The morphology in nafion perfluorinated membrane products, as determined by wide- and small-angle x-ray studies. J. Polym. Sci. Polym. Phys. Ed. 1981: 1687-1704.

[107] Hsu W Y, Gierke T D. Elastic theory for ionic clustering in perfluorinated ionomers. Macromolecules, 1982, 15 (1): 101-105.

[108] Bunker C E, Ma B, Simmons K J, et al. Steady-state and time-resolved fluorescence spectroscopic probing of microstructures and properties of perfluorinated polyelectrolyte membranes. Journal of Electroanalytical Chemistry, 1998, 459 (1): 15-28.

[109] Zhu Z, Chen H, Chang L, et al. Dynamic model of ion and water transport in ionic polymer-metal composites. AIP Advances, 2011, 1 (4): 40702.

[110] Mi F L, Kuan C Y, Shyu S S, et al. The study of gelation kinetics and chain-relaxation properties of glutaraldehyde-cross-linked chitosan gel and their effects on microspheres preparation and drug release. Carbohydrate Polymers, 2000, 41 (4): 389-396.

[111] Chiou M S, Li H Y. Adsorption behavior of reactive dye in aqueous solution on chemical cross-linked chitosan beads. Chemosphere, 2003, 50 (8): 1095-1105.

[112] 袁彦超, 陈炳稔, 王瑞香. 甲醛、环氧氯丙烷交联壳聚糖树脂的制备及性能. 高分子材料科学与工程, 2004,

1: 53-57.

[113] Yang Q, Dou F, Liang B, et al. Studies of cross-linking reaction on chitosan fiber with glyoxal. Carbohydrate Polymers, 2005, 59 (2): 205-210.

[114] 杨庆, 梁伯润, 窦丰栋, 等. 以乙二醛为交联剂的壳聚糖纤维交联机理探索. 纤维素科学与技术, 2005, 4: 13-20.

[115] Schiffman J D, Schauer C L. Cross-linking chitosan nanofibers. Biomacromolecules, 2007, 8 (2): 594-601.

[116] 崔铮, 相艳, 张涛. 硫酸交联壳聚糖膜质子传导行为的研究. 化学学报, 2007, 17: 1902-1906.

[117] 李峻峰, 张利, 李钧甫, 等. 香草醛交联壳聚糖载药微球的性能及其成球机理分析. 高等学校化学学报, 2008, 9: 1874-1879.

[118] 赵蕊, 周浩然, 张晶宇, 等. 戊二醛与甲醛交联壳聚糖微球的比较研究. 化学与黏合, 2012, 3: 30-32.

[119] 魏谭军, 董德刚, 裘梁, 等. 离子交联法制备壳聚糖纳米颗粒. 安徽农业科学, 2012, 5: 2885-2886.

[120] Nunes C, Maricato É, Cunha Â, et al. Chitosan-caffeic acid-genipin films presenting enhanced antioxidant activity and stability in acidic media. Carbohydrate Polymers, 2013, 91 (1): 236-243.

[121] Liu T Y, Lin Y L. Novel pH-sensitive chitosan-based hydrogel for encapsulating poorly water-soluble drugs. Acta Biomaterialia, 2010, 6 (4): 1423-1429.

[122] 黄治本, 顾其胜. 新型交联剂京尼平在生物医学中的应用与发展. 上海生物医学工程, 2003, 1: 21-25.

[123] Wang H, Roman M. Formation and properties of chitosan-cellulose nanocrystal polyelectrolyte-macroion complexes for drug delivery applications. Biomacromolecules, 2011, 12 (5): 1585-1593.

[124] Mi F L, Shyu S S, Peng C K. Characterization of ring-opening polymerization of genipin and pH-dependent cross-linking reactions between chitosan and genipin. Journal of Polymer Science Part A: Polymer Chemistry, 2005, 43 (10): 1985-2000.

[125] Chen H, Ouyang W, Lawuyi B, et al. Reaction of chitosan with genipin and its fluorogenic attributes for potential microcapsule membrane characterization. Journal of Biomedical Materials Research Part A, 2005, 75(4): 917-927.

[126] Yuan Y, Chesnutt B M, Utturkar G, et al. The effect of cross-linking of chitosan microspheres with genipin on protein release. Carbohydrate Polymers, 2007, 68 (3): 561-567.

[127] Silva S S, Motta A, Rodrigues M T, et al. Novel genipin-cross-linked chitosan/silk fibroin sponges for cartilage engineering strategies. Biomacromolecules, 2008, 9 (10): 2764-2774.

[128] Bispo V M, Mansur A A P, Barbosa-Stancioli E F, et al. Biocompatibility of nanostructured chitosan/poly (vinyl alcohol) blends chemically crosslinked with genipin for biomedical applications. Journal of biomedical nanotechnology, 2010, 6 (2): 166-175.

[129] Yan L P, Wang Y J, Ren L, et al. Genipin-cross-linked collagen/chitosan biomimetic scaffolds for articular cartilage tissue engineering applications. Journal of Biomedical Materials Research Part A, 2010, 95(2): 465-475.

[130] Yang Y, Zhao W, He J, et al. Nerve conduits based on immobilization of nerve growth factor onto modified chitosan by using genipin as a crosslinking agent. European Journal of Pharmaceutics and Biopharmaceutics, 2011, 79 (3): 519-525.

[131] Fernandes S C, de Oliveira Santos D M P, Vieira I C. Genipin-cross-linked chitosan as a support for laccase biosensor. Electroanalysis, 2013, 25 (2): 557-566.

[132] Aldana A A, González A, Strumia M C, et al. Preparation and characterization of chitosan/genipin/poly (N-vinyl-2-pyrrolidone) films for controlled release drugs. Materials Chemistry and Physics, 2012, 134 (1): 317-324.

[133] Lai J Y. Biocompatibility of genipin and glutaraldehyde cross-linked chitosan materials in the anterior chamber of the eye. International Journal of Molecular Sciences, 2012, 13 (9): 10970-10985.

第 2 章　壳聚糖基仿生人工肌肉

2.1　稀酸溶液类仿生人工肌肉的驱动性能研究

经过大量实验，可以发现，除了传统的离子液体作为电驱动层的离子电解质溶液，采用稀酸溶液（硝酸溶液、乳酸溶液、醋酸溶液）依然能够驱动壳聚糖基电驱动器产生偏转变形。与离子液体类壳聚糖基驱动器的阳极偏转相反，这种稀酸溶液类壳聚糖基电驱动器产生了阴极偏转，该阴极偏转现象的发现在壳聚糖基电驱动器的驱动性能的改善与离子运动机理的研究中具有重要意义。本节主要针对壳聚糖基电驱动器的阴极偏转现象的驱动性能进行研究，相关的诱发机理将在后续进行深入探讨。

2.1.1　离子液体类与稀酸溶液类的驱动性能对比分析

研究发现，稀酸溶液类壳聚糖基电驱动器存在阴极偏转现象，本节主要针对这种阴极偏转现象的驱动性能进行研究。为了更深入地了解稀酸溶液对壳聚糖基电驱动器驱动性能的影响，对离子液体与稀酸溶液（硝酸溶液、乳酸溶液、醋酸溶液）两类离子电解质溶液作为电驱动层的壳聚糖基电驱动器的驱动性能进行了实验研究，对比分析两类离子电解质溶液对壳聚糖基电驱动器驱动性能的影响规律。

1. 不同离子电解质溶液类壳聚糖基电驱动器的弯曲力

图 2-1 为不同离子电解质溶液的壳聚糖基电驱动器的弯曲力变化曲线，观察发现，采用离子液体（IL）、硝酸溶液（HNO_3）、乳酸溶液（HL）、醋酸溶液（HAc）作为离子电解质溶液的壳聚糖基电驱动器驱动性能明显不同，稀酸溶液作为电驱动层对壳聚糖基电驱动器性能有显著改善。通过对不同离子电解质溶液的壳聚糖基电驱动器的最大弯曲力进行统计可知，离子液体类壳聚糖基电驱动器最大弯曲力为 1.875 mN、硝酸溶液类壳聚糖基电驱动器最大弯曲力为 3.275 mN、乳酸溶液类壳聚糖基电驱动器最大弯曲力为 7.725 mN、醋酸溶液类壳聚糖基电驱动器最大弯曲力为 5.435 mN，如图 2-2 所示。分析可知，乳酸溶液类壳聚糖基电驱动

器具有最大弯曲力；相对而言，离子液体类壳聚糖基电驱动器的弯曲力较小，最大弯曲力为最小弯曲力的 4.12 倍。这表明，乳酸溶液类壳聚糖基电驱动器具有较佳的弯曲力输出性能，也说明了稀酸溶液类壳聚糖基电驱动器的性能优于离子液体类壳聚糖基电驱动器。

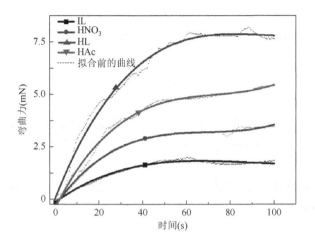

图 2-1　不同离子电解质溶液下的弯曲力规律

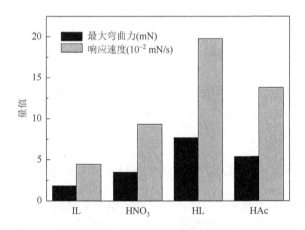

图 2-2　不同离子电解质溶液的最大弯曲力与响应速度

（注：为了图形美观而将响应速度图例选择为 10^{-2} mN/s）

图 2-2 为不同离子电解质溶液的壳聚糖基电驱动器的线性弯曲力响应速度。研究发现，离子液体类壳聚糖基电驱动器线性弯曲力响应速度为 0.045 mN/s，硝酸溶液类壳聚糖基电驱动器线性弯曲力响应速度为 0.094 mN/s，乳酸溶液类壳聚糖基电驱动器线性弯曲力响应速度为 0.198 mN/s，醋酸溶液类壳聚糖基电驱动器

线性弯曲力响应速度为 0.138 mN/s。对比发现,采用稀酸溶液作为离子电解质溶液的壳聚糖基电驱动器的线性弯曲力响应速度相对优于离子液体作为离子电解质溶液类壳聚糖基电驱动器的线性弯曲力响应速度。这表明,稀酸溶液作为离子电解质溶液的壳聚糖基电驱动器的线性弯曲力响应速度明显高于离子液体作为离子电解质溶液的壳聚糖基电驱动器的线性弯曲力响应速度,最大值为最小值的 4.4 倍;同时,在稀酸溶液类壳聚糖基电驱动器中,乳酸溶液类壳聚糖基电驱动器的线性弯曲力响应速度优于醋酸溶液类与硝酸溶液类壳聚糖基电驱动器的线性弯曲力响应速度。

2. 不同离子电解质溶液类壳聚糖基电驱动器的偏转位移

通过对稀酸溶液类壳聚糖基电驱动器的偏转位移随时间变化关系进行实验测试,可以获得不同稀酸溶液类壳聚糖基电驱动器的偏转位移变化曲线,如图 2-3 所示。相比离子液体作为电驱动层的壳聚糖基电驱动器,稀酸溶液类壳聚糖基电驱动器呈现出优异的变形偏转性能。通过对不同离子电解质溶液的壳聚糖基电驱动器的最大偏转位移进行统计可知,离子液体类壳聚糖基电驱动器最大偏转位移为 2.36 mm,硝酸溶液类壳聚糖基电驱动器最大偏转位移为 9.18 mm,乳酸溶液类壳聚糖基电驱动器最大偏转位移为 17.7 mm,醋酸溶液类壳聚糖基电驱动器最大偏转位移为 13.06 mm,如图 2-4 所示。通过对比分析发现,乳酸溶液类壳聚糖基电驱动器具有最大的偏转位移(17.7 mm),为离子液体类壳聚糖基电驱动器的 7.5 倍。这表明,采用乳酸溶液作为电驱动层的壳聚糖基电驱动器具有较佳的偏转位移性能,其最大偏转位移优于其他稀酸溶液类壳聚糖基电驱动器。

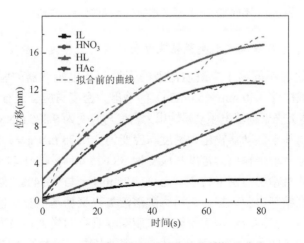

图 2-3　不同离子电解质溶液的偏转位移曲线

　　通过对不同离子电解质溶液类壳聚糖基电驱动器偏转位移曲线进行线性拟合，可以获得不同离子电解质溶液的壳聚糖基电驱动器的线性位移响应速度，如图 2-4 所示。通过拟合处理可知，离子液体类壳聚糖基电驱动器线性位移响应速度为 0.05 mm/s，硝酸溶液类壳聚糖基电驱动器线性位移响应速度为 0.108 mm/s，乳酸溶液类壳聚糖基电驱动器线性位移响应速度为 0.338 mm/s，醋酸溶液类壳聚糖基电驱动器线性位移响应速度为 0.284 mm/s。对比发现，采用乳酸溶液作为电驱动层的壳聚糖基电驱动器的线性位移响应速度最优，最大值为离子液体作为电驱动层的壳聚糖基电驱动器响应速度的 6.76 倍，其线性位移响应速度优于其他稀酸溶液类壳聚糖基电驱动器。这表明，稀酸溶液类壳聚糖基电驱动器的偏转位移呈现了极大的提升；同时，采用乳酸溶液作为离子电解质溶液的壳聚糖基电驱动器具有较佳偏转位移性能。

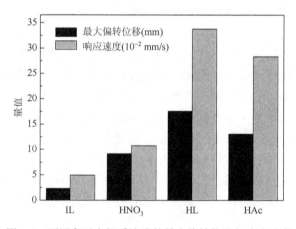

图 2-4　不同离子电解质溶液的最大偏转位移与响应速度

3. 不同离子电解质溶液类壳聚糖基电驱动器的力密度与应变

　　为了深入地对不同离子电解质溶液的壳聚糖基电驱动器的驱动性能进行研究，对实验测试样件（40 mm×5.0 mm）的输出力密度与应变进行分析，如图 2-5 所示。离子液体类壳聚糖基电驱动器输出力密度与应变为 9.375 mN/g 与 0.54%，硝酸溶液类壳聚糖基电驱动器输出力密度与应变为 17.375 mN/g 与 1.45%，乳酸溶液类壳聚糖基电驱动器输出力密度与应变为 38.625 mN/g 与 1.47%，醋酸溶液类壳聚糖基电驱动器输出力密度与应变为 27.175 mN/g 与 1.54%。结果说明，相比离子溶液类壳聚糖基电驱动器，采用稀酸溶液类壳聚糖基电驱动器的输出力密度与应变显著不同，稀酸溶液类壳聚糖基电驱动器具有的最大输出力密度与应变为 38.625 mN/g 与 1.54%，分别为离子液体类壳聚糖基电驱动器的 4.12 倍与 2.85 倍。这表明，稀酸溶液类壳聚糖基电驱动器的输出力相对于离子液体类壳聚糖基电驱动器明显提高。另外，通过对不同离子电解质溶液类壳聚糖基电驱动器的输出力密度对比发现，采用乳酸溶液作为电驱动层的壳聚糖基电驱动器输出力密度改善效果显著。然而，采用其他稀酸溶液类壳聚糖基电驱动器的应变基本相同，变化不大。这表明，不同稀酸溶液类壳聚糖基电驱动器的弯曲变形对电极层的损坏程度基本相同，对壳聚糖基电驱动器驱动性能影响不大。

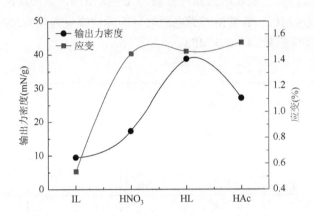

图 2-5　不同离子电解质溶液的输出力密度与应变曲线

由上述研究可知，采用稀酸溶液作为离子电解质溶液的壳聚糖基电驱动器的阴极偏转驱动性能明显优于离子液体类壳聚糖基电驱动器的阳极偏转驱动性能，对比稀酸溶液的壳聚糖基电驱动器的驱动性能发现，乳酸溶液类壳聚糖基电驱动器的驱动性能较佳。这说明，离子电解质溶液的离子类型对壳聚糖基电驱动器的偏转方向具有重要影响，不同运动离子会显著影响其阴极偏转的驱动性能。

2.1.2　不同离子电解质溶液下的驱动性能改善机理研究

为了研究不同稀酸溶液类壳聚糖基电驱动器阴极偏转驱动性能改善的原因，对离子液体与稀酸溶液（硝酸溶液、乳酸溶液、醋酸溶液）作为离子电解质溶液的壳聚糖基电驱动器的力学性能进行了实验研究，给出了不同离子电解质溶液下壳聚糖基电驱动器的含水量与电驱动层的弹性模量的变化特性，对其驱动性能改善的原因进行了说明。

1. 不同离子电解质溶液下电驱动层的力学性能

图 2-6 为离子液体、硝酸溶液、乳酸溶液、醋酸溶液作为离子电解质溶液制

备电驱动层的拉伸应力与应变曲线，不同离子电解质溶液电驱动层拉伸曲线存在显著差异。通过对其进行线性拟合，获得了应变在30%以内的应力-应变的线性拟合曲线，如图 2-7 所示。为了更清晰地描述不同离子电解质溶液下电驱动层的弹性模量的变化规律，对应力-应变进行计算后给出离子液体、硝酸溶液、乳酸溶液、醋酸溶液作为离子电解质溶液电驱动层的弹性模量变化规律，如表 2-1 所示。分析可知，离子液体类电驱动层的弹性模量为 0.948 MPa，硝酸溶液类电驱动层的弹性模量为 0.794 MPa，乳酸溶液类电驱动层的弹性模量为 0.562 MPa，醋酸溶液类电驱动层的弹性模量为 0.663 MPa。

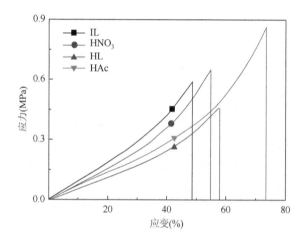

图 2-6 不同离子电解质溶液的应力-应变曲线

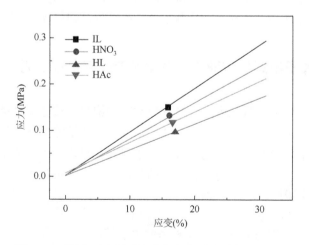

图 2-7 不同离子电解质溶液的应力-应变线性拟合曲线

表 2-1　不同离子电解质溶液电驱动层的力学性能

力学性能	离子电解质溶液			
	IL	HNO₃	HL	HAc
弹性模量（MPa）	0.948	0.794	0.562	0.663

　　图 2-8（a）为不同离子电解质溶液类电驱动层的弹性模量与偏转位移变化关系曲线。观察可知，采用稀酸溶液类电驱动层的弹性模量存在明显差异。离子液体类电驱动层的弹性模量显著高于稀酸溶液类电驱动层的弹性模量，偏转位移低于稀酸溶液类电驱动层的偏转位移。这说明，离子液体类电驱动层刚度相对较大，在一定程度上约束了驱动性能输出，造成内部的应力诱发的能量耗散增加。另外，通过对图 2-8（b）中不同离子电解质溶液类电驱动层的弹性模量与弯曲力的变化关系曲线分析可知，离子液体类电驱动层的弯曲力小于稀酸溶液类电驱动层的弯曲力。根据不同的稀酸溶液类电驱动层的弹性模量测试结果可知，乳酸溶液类电驱动层的弹性模量是硝酸溶液类与醋酸溶液类电驱动层的 71% 与 85%，乳酸溶液类壳聚糖基电驱动器具有优于醋酸溶液类与硝酸溶液类壳聚糖基电驱动器的驱动性能，这种结果与电驱动层的弹性模量有关。

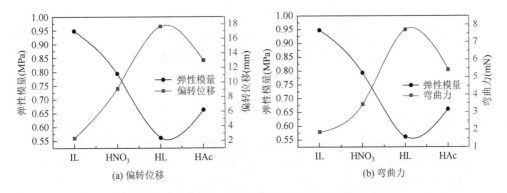

(a) 偏转位移　　　　　　　　　　　(b) 弯曲力

图 2-8　不同电解质溶液电驱动层的弹性模量关系曲线

2. 不同离子电解质溶液下电驱动层的失水量

　　上述拉伸实验的结果说明乳酸溶液类电驱动层的柔韧性与膜层机械性有助于壳聚糖基电驱动器的驱动性能改善，但这种柔韧性的原因并未可知。考虑弹性模量与水分子的关系，实验测试了不同离子电解质溶液电驱动层在 60 min 内的失水量，给出了离子液体、硝酸溶液、乳酸溶液、醋酸溶液作为离子电解质溶液电驱动层在空气中的失水量曲线及失水率测量参数，如图 2-9 与表 2-2 所示。由此可知，在 60 min 内，不同的离子电解质溶液电驱动层的失水量呈现瞬态变化趋势，离子液体、硝酸溶液、醋酸溶液电驱动层的失水量呈现上升趋势，而乳酸溶液电驱动层失水量呈现负变化。这表明，通常条件下，乳酸溶液电驱动层未发生失水，具有较好的保水特性，使得乳酸溶液电驱动层在长时间下呈现较好的柔韧性与机械特性；相反，其他离子电解质溶液电驱动层则表现出显著的失水现象，随着时间增长，聚合物干裂变硬，柔韧性下降。

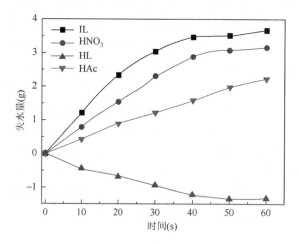

图 2-9　不同电驱动层的失水量曲线

表 2-2　不同电驱动层失水率测量参数

测量参数	电驱动层			
	IL	HNO$_3$	HL	HAc
样件尺寸（mm×mm）	24×14	23×20	25×11	21×14
新制电驱动层质量（g）	67.134	65.124	60.542	52.875
60 min 电驱动层质量（g）	63.257	61.953	61.875	50.624
失水率（10^{-2} g/mm^2）	1.094	0.689	−0.487	0.766
失水速度（g/min）	0.102	0.071	−0.030	0.041

　　对不同离子电解质溶液电驱动层的单位面积失水率进行研究，可以给出失水率的变化曲线。通过对瞬态失水量进行处理，选取 30 min 内失水量的瞬态变化曲线进行线性拟合处理，获得了不同离子电解质溶液电驱动层的失水速度曲线，如图 2-10 所示。分析可知，忽略乳酸溶液作为电驱动层的保水特性，稀酸溶液电驱动层的单位面积失水率远低于离子液体电驱动层的失水率。对不同离子电解质溶液作为电驱动层的失水速度分析发现，离子液体类电驱动层的失水速度最快，是稀酸溶液类电驱动层失水速度的 4～7 倍，离子液体类电驱动层的失水造成其力学性

能下降、弹性模量增加，是壳聚糖基电驱动器驱动性能下降的重要因素。同时，尽管其他稀酸溶液作为电驱动层的失水率较小、失水速度较慢，但乳酸溶液类电驱动层的失水率却呈现负增长，这使乳酸溶液作为电驱动层的壳聚糖基电驱动器拥有充足的含水量，进而呈现出优于其他离子电解质溶液的壳聚糖基电驱动器的驱动性能。

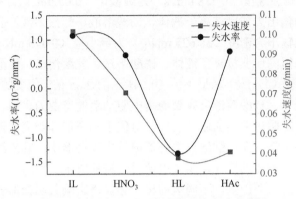

图 2-10　不同电驱动层失水率和失水速度曲线

3. 不同离子电解质溶液的电驱动层诱发驱动性能改善机理

稀酸溶液类壳聚糖基电驱动器的阴极偏转的驱动性能显著优于离子液体类壳聚糖基电驱动器的阳极偏转的驱动性能，在稀酸溶液类壳聚糖基电驱动器中，乳酸溶液类壳聚糖基电驱动器具有较佳的驱动性能，造成这种性能改善的主要原因可以解释如下：

（1）离子电解质溶液的离子类型对壳聚糖基电驱动器的偏转方向具有重要影响，不同运动离子会显著影响其偏转的驱动性能。

（2）稀酸溶液类电驱动层的柔韧性显著优于离子液体类电驱动层，乳酸溶液类电驱动层表现出优于其他电驱动层的柔韧性，这种柔韧性能够显著改善壳聚糖基电驱动器内部的应变诱发的约束，降低内部应力造成的能量损耗，进而改善壳聚糖基电驱动器的驱动性能。

（3）乳酸溶液在空气中的吸水特性使电驱动层具有较好的保水性，这种保水性能够使壳聚糖基电驱动器形成稳定的内部溶液环境、保证运动离子运动的效率、改善电驱动层的柔韧性与机械性能，从而使壳聚糖基电驱动器表现出良好的驱动性能。因此，以乳酸溶液作为壳聚糖基电驱动器电驱动层的增塑剂与保水剂，能够改善壳聚糖基电驱动器的驱动性能。

本节研究了在非交联状态下离子液体与稀酸溶液（醋酸溶液、乳酸溶液与硝酸溶液）作为离子电解质溶液对壳聚糖基电驱动器的驱动性能规律。

实验结果表明，壳聚糖基电驱动器的最大弯曲力与响应速度按离子液体、硝酸溶液、醋酸溶液、乳酸溶液的顺序依次增加，最大弯曲力（7.725 mN）为最小值（1.875 mN）的 4.12 倍，最快响应速度（0.198 mN/s）为最慢值（0.045 mN/s）的 4.4 倍；壳聚糖基电驱动器的偏转位移与响应速度按离子液体、硝酸溶液、醋酸溶液、乳酸溶液的顺序依次增加，最大偏转位移（17.7 mm）为最小值（2.36 mm）的 7.5 倍，最快响应速度（0.338 mm/s）为最慢值（0.05 mm/s）的 6.76 倍；壳聚糖基电驱动器的输出力密度按离子液体、硝酸溶液、醋酸溶液、乳酸溶液的顺序依次增加，最大输出力密度（38.625 mN/g）为最小值（9.375 mN/g）的 4.12 倍；壳聚糖基电驱动器的应变按离子液体、硝酸溶液、乳酸溶液、醋酸溶液的顺序依次增加，最大应变（1.54%）为最小值（0.54%）的 2.85 倍，应变的变化幅度不大。

研究结果表明，稀酸溶液类壳聚糖基电驱动器的弯曲力、偏转位移、响应速度、输出力密度等阴极偏转的驱动性能显著优于离子液体类壳聚糖基电驱动器的阳极偏转的驱动性能，在稀酸溶液类壳聚糖基电驱动器中，乳酸溶液类壳聚糖基电驱动器具有最佳的驱动性能，离子电解质溶液的离子类型对于壳聚糖基电驱动器的偏转方向具有重要影响，不同运动离子会显著影响其阴极偏转的驱动性能。同时，电驱动层的弹性模量按乳酸溶液、醋酸溶液、硝酸溶液、离子液体的顺序依次增加，弹性模量最大值（0.948 MPa）为最小值（0.562 MPa）的 1.69 倍，稀酸溶液类电驱动层的柔韧性显著优于离子液体类电驱动层，乳酸溶液类电驱动层优于其他稀酸溶液类电驱动层的柔韧性；电驱动层的失水率按醋酸溶液、硝酸溶液、离子液体的顺序依次增加，而乳酸溶液类电驱动层呈现吸水特性，离子液体类电驱动层失水速度最快，是稀酸溶液类电驱动层的 4～7 倍。

对前面内容做一下总结：造成不同离子电解质溶液类壳聚糖基电驱动器性能差异的主要原因可归结为离子电解质溶液的离子类型对壳聚糖基电驱动器的偏转方向具有重要影响，不同运动离子会显著影响其偏转性能。同时，稀酸溶液类电驱动层的柔韧性显著优于离子液体类电驱动层，乳酸溶液类电驱动层优于其他稀酸溶液类电驱动层的柔韧性，这种柔韧性能够显著改善壳聚糖基电驱动器内部应变诱发的约束，降低内部应力造成的能量损耗。此外，乳酸溶液在空气中的吸水特性使得电驱动层具有较好的保水性，这种保水性能够使壳聚糖基电驱动器形成稳定的内部溶液环境、保证运动离子运动的效率、改善电驱动层的柔韧性与机械性能，从而使壳聚糖基电驱动器表现出良好的驱动性能。

2.2　生物交联方法对壳聚糖基电驱动器驱动性能的影响研究

众所周知，聚合物壳聚糖最常见的交联剂为二醛（如戊二醛、乙二醛）、方酸二乙酯、草酸。尽管这些交联剂在常温下能直接进行交联反应，但这些交联剂的应用却存在诸多隐患，如戊二醛植入生物体的细胞毒性、乙二醛诱发生物体的免疫反应、方酸二乙酯与草酸交联反应的中间物质残留等，致使这些交联剂无法满足当前实验要求。通过文献研究发现，京尼平源自传统中药杜仲，属于一种环烯醚萜化合物与生物兼容性良好的天然交联剂，这种天然交联特性适合于壳聚糖基电驱动器的制造。

本节主要采用天然交联剂京尼平对电驱动层内部进行聚合物交联，并研究不同京尼平与壳聚糖交联比例下壳聚糖基电驱动器的驱动性能；采用聚合物交联网格结构的壳聚糖基电驱动器，证实这种聚合物交联网格结构的存在，给出不同交联比例的电驱动层对生物电驱动器驱动性能的影响；通过对力学特性的实验测试，分析不同交联比例形成电驱动层的机械性能，采用微观实验分析，研究不同交联比例电驱动层的网格交联特性，分析交联状态下壳聚糖基电驱动器驱动性能的改善机理。

2.2.1　京尼平交联壳聚糖的实验条件与交联方法

1960 年，Djerassi 等[1]利用化学降解与核磁共振谱发现京尼平是一种天然生物交联制剂，通过 β-葡萄糖苷酶水解栀子苷获得，属于一种环烯醚萜类的化合物，且内部羟基、羧基等活性官能团可以与胶原、蛋白质、壳聚糖等进行交联，具有生物相容性好、细胞毒性低等优势，被广泛应用于生物医学等领域[2-4]。壳聚糖是一种天然的碱性多糖（$pK_a = 6.3$），本身具有生理活性，生物降解性好，其游离的自由氨基呈弱碱性。因此，可以通过京尼平交联壳聚糖分子形成天然交联网格结构。一方面，交联工艺与交联产物保证了壳聚糖基电驱动器制备工艺的绿色化；另一方面，这种生物交联的效果较好，能够解决壳聚糖在酸性溶液中主链部分水解导致交联网格结构杂乱，影响壳聚糖基电驱动器的离子运动效率问题。

为了保证京尼平与壳聚糖配比恰当，实验研究了 5 组京尼平（质量分数分别为 0.060%、0.075%、0.120%、0.200%、0.400%）与 20 mL 壳聚糖（含 0.6 g）溶液进行生物交联，并增加了未加入京尼平交联壳聚糖组作为实验对照。实验通过制备研究获得具有交联网格结构的电驱动层，如图 2-11 所示，这种电驱动层随着交联比例的变化呈现不同程度的蓝色或深蓝色，通过文献研究发现，这种蓝色产物是京尼平与带有氨基的官能团发生交联反应产生的蓝色素[5, 6]。壳聚糖等结构含有丰富的氨基，京尼平的酯基（—COO^-）与含氨基的壳聚糖聚合物交联时，两个活性部位同时形成聚合物网格结构，如图 2-12 所示，这种生物交联机理可以解释为京尼平的两个活性部位与壳聚糖的氨基进行了自发反应，京尼平的烯碳原子受

到 H_2N—R 亲核攻击后开环形成杂环胺化合物，京尼平上的酯基（—COO^-）与氨基（H_2N—）发生反应产生酰胺，进行 SN_2 亲核取代反应[7]。

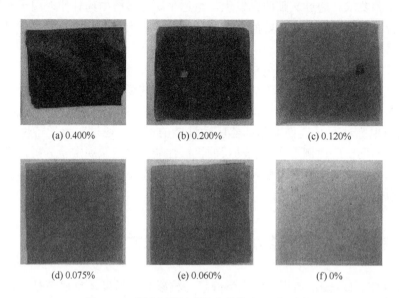

(a) 0.400%　　　　　　(b) 0.200%　　　　　　(c) 0.120%

(d) 0.075%　　　　　　(e) 0.060%　　　　　　(f) 0%

图 2-11　不同交联剂质量分数的电驱动层样件

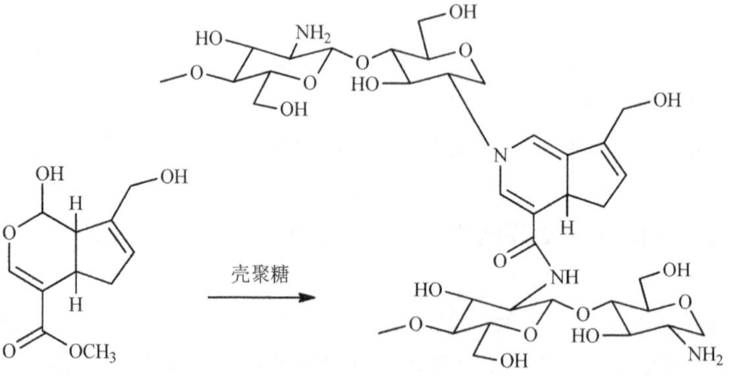

壳聚糖

图 2-12　京尼平交联壳聚糖的化学反应示意图

壳聚糖与京尼平的交联反应发生在氨基，主要集中在壳聚糖分子链上的伯胺，京尼平的交联机理是将伯胺转化为酰胺或叔胺，图 2-13 为京尼平交联壳聚糖聚合物的红外光谱。在 1570 cm^{-1} 处有明显的吸收，这是壳聚糖分子链上的 N—H 振动吸收引起的。而在 800～1100 cm^{-1} 处有一系列振动吸收峰，可以归结为糖环的吸收振动。交联后的物质在 1260 cm^{-1} 处出现了明显的壳聚糖分子链叔胺的 C—N 键吸收,这表明壳聚糖与京尼平进行了交联反应,同时证实了交联机理的准确性。

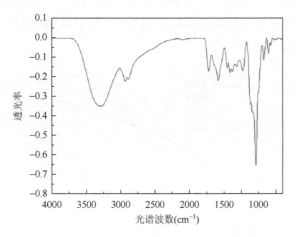

图 2-13 京尼平交联壳聚糖聚合物的红外光谱

2.2.2 聚合物交联电解质层条件下的驱动性能分析

通过对红外扫描实验研究发现,电驱动层中的京尼平与壳聚糖交联结构真实存在,为了更为确切地了解聚合物交联网格对壳聚糖基电驱动器驱动性能的影响,实验对不同交联比例的壳聚糖基电驱动器的驱动性能进行测试研究。实验测试了 5 组壳聚糖基电驱动器(京尼平质量分数分别为 0.060%、0.075%、0.120%、0.200%、0.400%),并以 0%作为对照组的壳聚糖基电驱动器的驱动性能。

1. 不同交联比例下壳聚糖基电驱动器的弯曲力

通过对不同交联质量分数下壳聚糖基电驱动器的弯曲力进行实验测试,获得弯曲力随时间的变化曲线,如图 2-14 所示。观察可知,聚合物交联网格对壳聚糖基电驱动器的弯曲力性能存在较大的影响,采用京尼平交联剂的壳聚糖基电驱动器的输出力显著高于未交联的壳聚糖基电驱动器。通过对不同交联质量分数下壳聚糖基电驱动器的最大弯曲力(图 2-15)进行统计可知,交联剂质量分数为 0.400%的最大弯曲力为 1.763 mN,交联剂质量分数为 0.200%的最大弯曲力为 2.331 mN,交联剂质量分数为 0.120%的最大弯曲力为 2.711 mN,交联剂质量分数为 0.075%的最大弯曲力为 3.899 mN,交联剂质量分数为 0.060%的最大弯曲力为 4.752 mN,未添加交联剂的最大弯曲力为 1.481 mN。随着交联程度的增加,壳聚糖基电驱动器的弯曲力呈现先增加后降低的趋势,在交联剂质量分数为 0.060%时,具有最大弯曲力输出峰值（4.752 mN），相对于未交联的样件，最大弯曲力是其 3.2 倍。同时，采用生物交联样件的弯曲力均高于未交联样件。这说明生物交联使得电驱动层内部形成聚合物交联网格对壳聚糖基电驱动器的性能改善是有效且可行的。同时，过大或过小的交联剂质量分数不利于壳聚糖基电驱动器的弯曲力输出，较佳交联剂的质量分数为 0.060%。

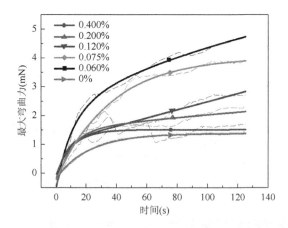

图 2-14　不同交联样件的最大弯曲力曲线

（注：虚线表示拟合前的图像）

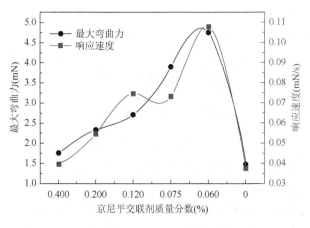

图 2-15　不同交联样件的最大弯曲力与响应速度曲线

图 2-15 为不同交联程度壳聚糖基电驱动器的弯曲力输出曲线，通过对前 30 s 曲线进行线性拟合，可以获得不同电驱动层的壳聚糖基电驱动器的线性弯曲力响应速度曲线。数据处理发现，交联剂质量分数为 0.400% 的线性弯曲力响应速度为 0.0399 mN/s，交联剂质量分数为 0.200% 的线性弯曲力响应速度为 0.0548 mN/s，

交联剂质量分数为 0.120%的线性弯曲力响应速度为 0.0748 mN/s，交联剂质量分数为 0.075%的线性弯曲力响应速度为 0.0734 mN/s，交联剂质量分数为 0.060%的线性弯曲力响应速度为 0.1079 mN/s，未添加交联剂的线性弯曲力响应速度为 0.03768 mN/s。对比发现，采用聚合物交联网格的壳聚糖基电驱动器的线性弯曲力响应速度均快于未交联的壳聚糖基电驱动器；同时，不同交联程度的壳聚糖基电驱动器的线性弯曲力响应速度呈现两个峰值，在生物交联剂质量分数为 0.060%时，具有最快的线性弯曲力响应速度，其值为未交联的壳聚糖基电驱动器与最大交联剂质量分数的壳聚糖基电驱动器响应速度的 2.86 倍与 2.70 倍。这表明生物交联形成的内部聚合物交联网格可以改善壳聚糖基电驱动器的线性弯曲力响应速度，然而，过大的交联剂质量分数会降低壳聚糖基电驱动器的响应速度。

2. 不同交联比例下壳聚糖基电驱动器的偏转位移

通过对不同交联剂质量分数的壳聚糖基电驱动器的偏转位移随时间变化关系进行实验测试，获得不同壳聚糖基电驱动器的偏转位移变化曲线，如图 2-16 所示。观察可知，交联剂的质量分数超过 0.120%，壳聚糖基电驱动器的偏转位移性能低于未交联的壳聚糖基电驱动器的偏转位移性能。通过对不同交联剂质量分数的壳聚糖基电驱动器偏转位移进行处理可知，交联剂质量分数为 0.400%的最大偏转位移为 2.4 mm，交联剂质量分数为 0.200%的最大偏转位移为 4.0 mm，交联剂质量分数为 0.120%的最大偏转位移为 4.8 mm，交联剂质量分数为 0.075%的最大偏转位移为 5.1 mm，交联剂质量分数为 0.060%的最大偏转位移为 5.6 mm，未添加交联剂的最大偏转位移为 4.5 mm。对比可知，在交联剂质量分数为 0.060%时，壳

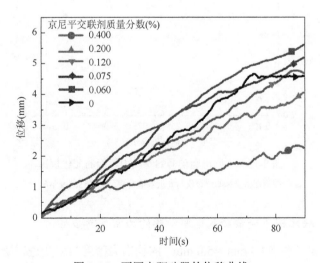

图 2-16   不同电驱动器的位移曲线

聚糖基电驱动器具有偏转位移峰值，最大偏转位移为最小值的 2.333 倍；同时，未交联的壳聚糖基电驱动器最大偏转位移均优于交联剂质量分数在 0.200%～0.400%的壳聚糖基电驱动器。这表明，交联剂的质量分数过大或过小，都不利于壳聚糖基电驱动器偏转位移输出，交联剂的质量分数为 0.060%，壳聚糖基电驱动器的偏转位移性能较佳。

通过对不同交联剂质量分数的壳聚糖基电驱动器偏转位移曲线进行前 30 s 线性拟合，可以获得不同交联剂质量分数的壳聚糖基电驱动器的线性位移响应速度曲线，如图 2-17 所示。通过数据处理可知，交联剂质量分数为 0.400%的线性位移响应速度为 0.0286 mm/s，交联剂质量分数为 0.200%的线性位移响应速度为 0.0538 mm/s，交联剂质量分数为 0.120%的线性位移响应速度为 0.0583 mm/s，交联剂质量分数为 0.075%的线性位移响应速度为 0.0724 mm/s，交联剂质量分数为 0.060%的线性位移响应速度为 0.0727 mm/s，未添加交联剂的线性位移响应速度为 0.0546 mm/s。对比可知，在交联剂质量分数为 0.060%～0.075%，壳聚糖基电驱动器具有线性偏转位移响应速度的峰值；同时，未交联的壳聚糖基电驱动器的最大响应速度与交联剂质量分数在 0.120%附近响应速度相当，且均优于交联剂质量分数在 0.200%～0.400%的响应速度。这表明，聚合物交联网格改善了壳聚糖基电驱动器的线性位移响应速度；同时，交联剂的质量分数不可过大或过小，保持在 0.060%～0.075%范围内，线性偏转位移响应速度较佳。

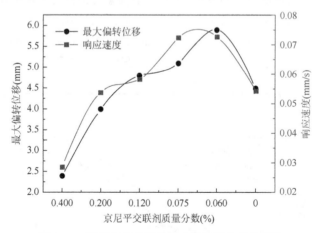

图 2-17　不同电驱动器的输出力性能的变化规律

(注：图例在横坐标的位置仅与 6 组数值对应，与坐标刻度距离无关)

3. 不同交联比例下壳聚糖基电驱动器的力密度与应变

对实验测试样件（4.0 mm×5.0 mm）的输出力密度与应变进行研究，如图 2-18 所示。分析可知，交联剂质量分数为 0.400%的壳聚糖基电驱动器输出力密度与应

变为 10.2 mN/g 与 0.36%，交联剂质量分数为 0.200% 的壳聚糖基电驱动器输出力
密度与应变为 13.58 mN/g 与 0.59%，交联剂质量分数为 0.120% 的壳聚糖基电驱动
器输出力密度与应变为 15.97 mN/g 与 0.73%，交联剂质量分数为 0.075% 的壳聚糖
基电驱动器输出力密度与应变为 28.8 mN/g 与 0.78%，交联剂质量分数为 0.060%
的壳聚糖基电驱动器输出力密度与应变为 37.9 mN/g 与 0.84%，未添加交联剂的
壳聚糖基电驱动器输出力密度与应变为 10.1 mN/g 与 0.71%。结果说明，随着交
联剂质量分数增加，壳聚糖基电驱动器的输出力密度先增加后降低，在交联剂质
量分数为 0.060% 时，具有最大的输出力密度；同时，具有聚合物交联网格的壳聚
糖基电驱动器的输出力密度显著高于未交联的壳聚糖基电驱动器的输出力密度，
最大输出力密度值为未交联输出力密度值的 3.75 倍，该变化趋势与最大弯曲力的
变化趋势一致，证实了采用生物交联方法对壳聚糖基电驱动器弯曲力输出性能改
善的有效性。另外，随着交联剂质量分数的增加，壳聚糖基电驱动器电极层的应
变先增加后降低，在交联剂质量分数为 0.060% 时，具有最大应变（0.84%）。这表
明，聚合物交联能够诱发壳聚糖基电驱动器驱动性能的改善，增大表层应变；然
而，应变增长相对较小，并未对电极层造成破坏。

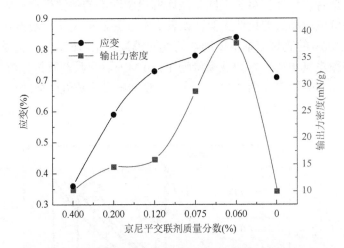

图 2-18　不同交联剂质量分数的输出力密度与应变曲线

（注：图例在横坐标的位置仅与 6 组数值对应，与坐标刻度距离无关）

由上述研究可知，电驱动层内部形成聚合物交联网格结构对壳聚糖基电驱动
器的驱动性能具有显著的改善效果，这也证实了聚合物交联能够改善内部离子运
动，并提高壳聚糖基电驱动器的驱动性能。同时，过大或过小的交联剂质量分数
不利于壳聚糖基电驱动器的驱动性能输出，较佳交联剂质量分数应控制为
0.060%～0.075%，壳聚糖基电驱动器具有相对优异的驱动性能。

2.2.3　交联状态下的驱动性能改善机理研究

上述聚合物交联网格的电驱动层能够改善壳聚糖基电驱动器的驱动性能。电驱动层中京尼平与壳聚糖的交联比例控制为 0.060%～0.075%时，壳聚糖基电驱动器具有相对优异的驱动性能。为了更深入地研究聚合物交联网格作为电驱动层的壳聚糖基电驱动器的性能改善机理，本节对电驱动层的力学性能与电化学性能进行实验研究，给出电驱动层的弹性模量、失水率、电容等性能规律。

1. 不同交联比例电驱动层的力学性能

为了解聚合物交联网格作为电驱动层的壳聚糖基电驱动器性能改善原因，对不同交联剂质量分数电驱动层的力学性能进行实验测试，给出不同交联网格电驱动层的失水率与弹性模量的性能规律。

图 2-19 为不同交联剂质量分数电驱动层的应力-应变曲线。可以发现，电驱动层的聚合物交联网格对其拉伸特性具有显著影响。通过对前 20%的应力-应变曲线进行线性拟合，计算获得了不同交联比例电驱动层的弹性模量；同时，给出了不同交联比例电驱动层的拉伸应变，如表 2-3 与图 2-20 所示。观察发现，交联剂质量分数 0.400%的壳聚糖基电驱动器的弹性模量为 1.816 MPa，交联剂质量分数 0.200%的壳聚糖基电驱动器弹性模量为 1.150 MPa，交联剂质量分数 0.120%的壳聚糖基电驱动器弹性模量为 0.927 MPa，交联剂质量分数 0.075%的壳聚糖基电驱动器弹性模量为 0.781 MPa，交联剂质量分数 0.060%的壳聚糖基电驱动器弹性模

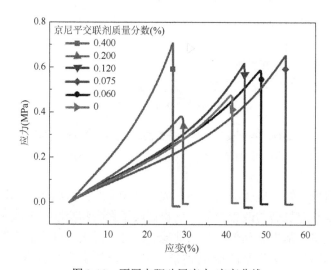

图 2-19　不同电驱动层应力-应变曲线

量为 0.935 MPa，未交联的壳聚糖基电驱动器弹性模量为 0.885 MPa。对比分析可知，随着交联剂质量分数的增加，电驱动层的弹性模量先增加、后降低、再增加，在交联剂质量分数为 0.075%时，电驱动层具有最小弹性模量（0.781 MPa），为最大弹性模量的 43%、非交联电驱动层弹性模量的 88.2%。这表明，过大的交联剂质量分数造成内部交联网格过密，网格结构运动空间缩小，降低电驱动层的弹性，影响电驱动层的柔韧性；同时，交联剂质量分数过小会使得内部交联网格过大，离子电解质溶液流失，造成其弹性与柔韧性下降。

表 2-3　不同交联比例的电解质膜的拉伸参数

参数	京尼平交联剂的质量分数					
	0.400%	0.200%	0.120%	0.075%	0.060%	0%
弹性模量（MPa）	1.816	1.150	0.927	0.781	0.935	0.885
拉伸应变（%）	43	50	57	46	30	32

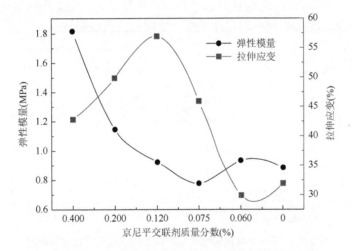

图 2-20　不同电驱动层的弹性模量与拉伸应变曲线

（注：图例在横坐标的位置仅与 6 组数值对应，与坐标刻度距离无关）

另外，通过对不同交联剂质量分数的拉伸应变曲线研究发现，交联剂质量分数 0.400%的壳聚糖基电驱动器的拉伸应变为 43%，交联剂质量分数 0.200%的壳聚糖基电驱动器的拉伸应变为 50%，交联剂质量分数 0.120%的壳聚糖基电驱动器的拉伸应变为 57%，交联剂质量分数 0.075%的壳聚糖基电驱动器拉伸应变为 46%，交联剂质量分数 0.060%的壳聚糖基电驱动器的拉伸应变为 30%，未交联的壳聚糖基电驱动器的拉伸应变为 32%。分析可知，随着交联剂质量分数的增加，拉伸应变先降低后增加再降低，交联剂质量分数最大值和最小值的位置分别为

0.120%与 0.060%左右。这表明，过小与过大的交联剂质量分数的电驱动层抵抗外力拉伸能力较弱，当交联质量分数处于 0.075%～0.200%时，具有较好的抗外力拉伸能力。

图 2-21（a）为不同交联比例电驱动层的弹性模量与偏转位移变化关系曲线。观察可知，在京尼平交联剂质量分数低于 0.120%时，壳聚糖基电驱动器具有较好的偏转位移，并随着京尼平交联剂质量分数降低，偏转位移的最大值先增加后减小，在交联剂质量分数为 0.060%时，具有最大的偏转位移。对比不同交联剂质量分数电驱动层的弹性模量可知，当交联剂质量分数处于 0.060%～0.120%时，电驱动层的弹性模量较小、柔韧性较好，有助于壳聚糖基电驱动器的弯曲偏转，这使其具有优异的偏转位移特性。另外，通过对图 2-21（b）中不同交联比例电驱动层的弹性模量与弯曲力的变化关系曲线分析可知，具有聚合物交联网格的壳聚糖基电驱动器的驱动性能均优于未交联的壳聚糖基电驱动器。类似壳聚糖基电驱动器的偏转位移特性，在交联剂质量分数处于 0.060%～0.120%时，壳聚糖基电驱动器具有优异的弯曲力特性，这种优异的弯曲力特性源于聚合物交联网格的电驱动层，因为这种电驱动层具有较小的弹性模量，能够自由弯曲偏转。

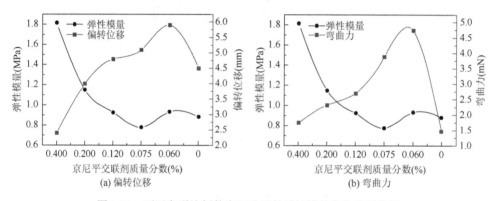

图 2-21　不同交联比例的电驱动层的弹性模量变化关系曲线

上述研究表明了不同交联比例形成的聚合物交联网格改变电驱动层的弹性模量，进而改善壳聚糖基电驱动器的驱动性能。弹性模量还受制于膜层内的含水量。因此，不同交联比例的电解质存在不同含水量，需要对电驱动层内部含水量变化规律与聚合物交联网格关系做进一步说明。

图 2-22 为不同交联剂质量分数电驱动层的含水量变化曲线。通过观察，发现不同聚合物交联网格对电驱动层含水量影响显著。当交联剂质量分数处于 0.120%～0.400%时，电驱动层基本处于失水状态；当交联剂质量分数处于 0.075%时，电驱动层的失水量保持不变；当交联剂质量分数处于 0%～0.060%时，电驱动层的失水量为负值，处于吸水状态，具体变化参数如表 2-4 所示。

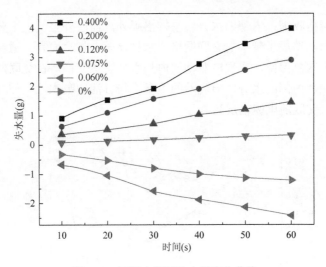

图 2-22 不同电解质失水量变化曲线

表 2-4 不同交联剂质量分数的电解质膜失水测量参数

参数	京尼平交联剂的质量分数					
	0.400%	0.200%	0.120%	0.075%	0.060%	0%
样件尺寸（mm×mm）	40×10	40×10	40×10	40×10	40×10	40×10
新制电驱动层质量（g）	81.140	80.390	82.27	82.340	81.970	83.030
60 min 电驱动层质量（g）	77.133	73.294	80.802	82.017	83.189	83.243
失水率（10^{-2} g/mm²）	1.002%	0.724%	0.367%	0.081%	−0.605%	−0.303%
失水速度（g/min）	0.063	0.046	0.0223	0.005	−0.183	−0.018

  对不同交联比例的电驱动层单位面积的失水率进行研究，给出了失水率的变化曲线；同时，通过对瞬态失水量进行处理，选取 30 min 内失水量瞬态变化曲线进行线性拟合处理，获得了不同交联比例电驱动层的失水速度曲线，如图 2-23 所示。分析可知，30 min 后，交联剂质量分数 0.400%的壳聚糖基电驱动器的失水率为 $1.002×10^{-2}$ g/mm²，交联剂质量分数 0.200%的壳聚糖基电驱动器的失水率为 $0.724×10^{-2}$ g/mm²，交联剂质量分数 0.120%的壳聚糖基电驱动器的失水率为 $0.367×10^{-2}$ g/mm²，交联剂质量分数 0.075%的壳聚糖基电驱动器失水率为 $0.0807×10^{-2}$ g/mm²，交联剂质量分数 0.060%的壳聚糖基电驱动器的失水率为$−0.6048×10^{-2}$ g/mm²，未交联的壳聚糖基驱动器的失水率为$−0.303×10^{-2}$ g/mm²。分析可知，随着交联剂质量分数的降低，电驱动层的失水率呈先降低后增加趋势，在交联剂质量分数为 0.075%时，电驱动层的失水率基本为零在交联剂质量分数为 0.060%时，失水率呈现负增长。这表明，过大的交联剂质量分数造成了电驱动层内的网

格细化，使网格收缩，内部的水分容易排出膜外，而层外空气中水分不容易进入电驱动层内部，造成了越小的交联网格失水越显著。相对而言，适当的交联剂质量分数有助于水分保持，实现电驱动层内外水分等量交换。在交联网格较大时，尽管有助于保持内部的水分，但乳酸的增塑性与甘油的吸水性，使其电驱动层内部吸水量较未交联的电驱动层显著。

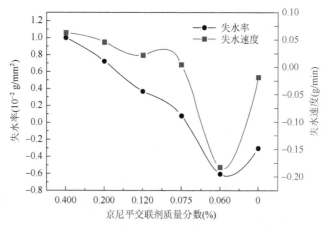

图 2-23　不同电解质层失水率和失水速度变化曲线

通过对不同交联剂质量分数的失水速度进行研究，可以发现随着交联剂质量分数的增加，电驱动层的失水速度先降低后增加，当交联剂的质量分数为 0.075%～0.400% 时，电驱动层失水速度较快。然而，当交联剂质量分数为 0.060% 时，电驱动层的失水速度最慢。这表明，聚合物交联网格的交联程度通过内部含水量变化影响电驱动层的弹性模量，进而影响壳聚糖基电驱动器的驱动性能。

上述研究表明，聚合物交联网格能够改变内部含水量，过大的聚合物交联网格会导致外界水分的摄入，从而影响电解质膜层的机械性能。然而，过小的聚合物交联网格会造成膜层内部水分缺失严重，破坏膜层的机械性能。因此，控制交联剂质量分数处于 0.060%～0.075%，使电驱动层具有稳定的含水量，改善电驱动层的弹性模量，从而增强壳聚糖基电驱动器的驱动性能。

2. 不同交联比例电驱动层的电化学特性

图 2-24 为不同交联剂质量分数电驱动层在扫描速率为 100 mV/s 的伏安特性曲线。通过观察，可以发现不同交联剂质量分数电驱动层的伏安特性曲线基本重叠，可以估计不同交联剂质量分数电驱动层的伏安特性基本接近。通过对伏安特性曲线的面积进行拟合，可以获得不同交联比例电驱动层的电容，如图 2-25 所示。分析可知，交联剂质量分数 0.400% 的壳聚糖基电驱动器的电容为 6.9 mF/g，交联

剂质量分数 0.200%的壳聚糖基电驱动器的电容为 7.2 mF/g，交联剂质量分数 0.12%的壳聚糖基电驱动器的电容值为 7.9 mF/g，交联剂质量分数 0.075%的壳聚糖基电驱动器的电容为 7.7 mF/g，交联剂质量分数 0.06%的壳聚糖基电驱动器的电容为 7.9 mF/g，未交联的壳聚糖基电驱动器的电容为 6.7 mF/g。对比发现，尽管不同交联比例电驱动层的电容呈现变化趋势，然而这种变化十分微小，基本保持在 7～8 mF/g。这说明，不同交联比例电驱动层的导电特性基本一致，聚合物交联网格结构并未对电驱动层的导电特性产生影响。

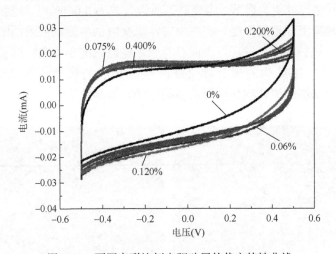

图 2-24　不同交联比例电驱动层的伏安特性曲线

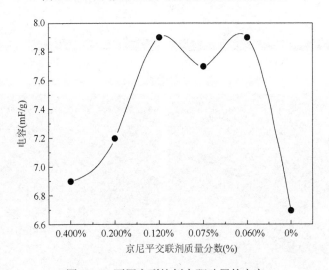

图 2-25　不同交联比例电驱动层的电容

图 2-26（a）～（f）分别为交联剂质量分数 0.400%、0.200%、0.120%、0.075%、

0.060%和0%的电驱动层5000倍与10000倍的微观扫描放大图。通过观察，可知不同交联比例的电驱动层微观结构存在显著差异。通过对比不同交联比例的电驱动层的扫描结构，可以发现，随着交联比例的增加，电解质内部的聚合物交联网格结构致密性增加，未交联的电驱动层内部凹凸不平、毛刺耸立。具体而言，当交联剂质量分数处于0.200%～0.400%时，电驱动层表面的聚合物交联网格如团簇的蜂窝，排列致密紧凑。当交联剂质量分数处于0.075%～0.120%，电驱动层表面的聚合物交联网格呈现交叉纵横的方形大网格，交联剂质量分数为0.075%的电驱动层的交联网格尺寸更为显著。当交联剂质量分数为0.060%时，电驱动层表面网格较大，排列紧密，表层平缓。相对而言，未交联的电驱动层表面凹凸不平，通过10000倍微观扫描可以发现，表面存有壳聚糖黏结的小毛刺。这说明生物交联方法能够形成一定结构的聚合物交联网格，交联剂质量分数处于0.060%～0.120%，电驱动层的聚合物交联网格结构有序、排列致密。

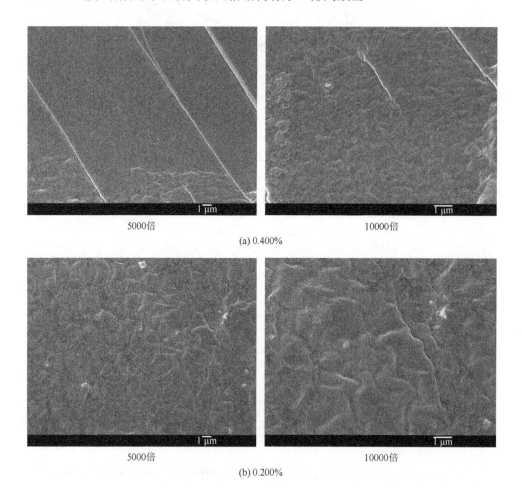

5000倍　　　　　　　　　　　　　　　　10000倍

(a) 0.400%

5000倍　　　　　　　　　　　　　　　　10000倍

(b) 0.200%

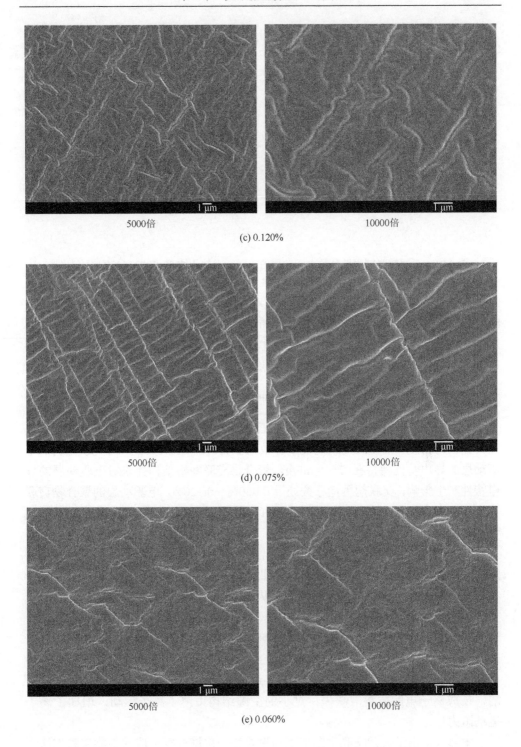

5000倍　　　　　　　　　　　　　　　　10000倍

(c) 0.120%

5000倍　　　　　　　　　　　　　　　　10000倍

(d) 0.075%

5000倍　　　　　　　　　　　　　　　　10000倍

(e) 0.060%

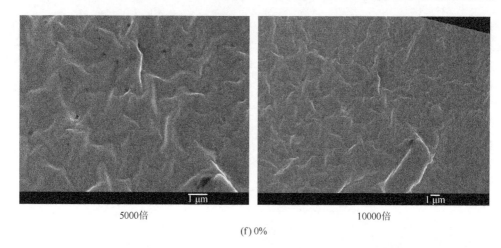

5000倍　　　　　　　　　　　　　　　　　10000倍

(f) 0%

图 2-26　不同交联剂质量分数电驱动层的表面微观结构 5000 倍与 10000 倍放大图

上述研究表明，不同交联比例电驱动层的电容变化不大，基本保持在 7～8 mF/g，不同交联比例电驱动层的导电特性基本一致，聚合物交联并未对电驱动层的导电特性产生影响。同时，生物交联方法能够形成聚合物交联网格，交联剂质量分数处于 0.060%～0.120%，电驱动层的聚合物交联网格结构有序，排列致密。

3. 交联状态下壳聚糖基电驱动器的性能改善机理

生物交联能够改善生物凝胶电驱动器的弯曲力、偏转位移及其响应速度，提高其输出力密度，较佳的交联剂质量分数为 0.060%～0.075%。不同交联比例的电驱动层的导电特性保持在 7～8 mF/g，聚合物交联网格结构并未对电驱动层的导电特性产生影响。交联剂质量分数处于 0.060%～0.120%，电驱动层的聚合物交联网格结构有序、排列致密。交联剂的质量分数处于 0.060%～0.075%，电驱动层的含水量稳定，弹性较好。

上述壳聚糖基电驱动器的驱动性能增强机理为：电驱动层内部的聚合物交联网格并未改变电驱动层的导电特性，主要改变电驱动层内部含水量。过大的聚合物交联网格会导致外界水分过量摄入，从而影响电驱动层的弹性模量，使其过于柔韧，过小的聚合物交联网格会造成电驱动层内部水分缺失严重，膜层坚硬干裂，进而改变电驱动层的弹性模量，从而影响壳聚糖基电驱动器的驱动性能。因此，聚合物交联网格从一定程度上改善了聚合物单元间的空隙结构，这种空隙结构为离子运动提供了运动纳米通道，然而，过大的空隙结构会诱发电驱动层水分泄漏，造成离子电解质溶液缺失；过小的空隙结构束缚了离子运动，增加了离子运动阻力。

本部分提出了天然交联剂京尼平与聚合物壳聚糖进行反应的生物交联方法，

京尼平的交联机理主要是将伯胺转化为酰胺或叔胺，通过京尼平的酯基（—COO⁻）与含氨基的壳聚糖聚合物交联，两个活性部位同时发生反应产生含有蓝色素的聚合物交联物质，红外测试在 1570 cm⁻¹、800～1100 cm⁻¹、1260 cm⁻¹ 处出现了吸收峰值，证实了该交联结构的存在。

　　变形性能测试的实验结果表明，随着交联剂质量分数的降低，壳聚糖基电驱动器的最大弯曲力呈现先增加后降低趋势，而响应速度呈现先增加后降低再增加后降低趋势，在交联剂质量分数为 0.060% 时，具有最大弯曲力（4.752 mN）与响应速度（0.1079 mN/s），分别为最小弯曲力（1.481 mN）的 3.21 倍和最小响应速度（0.03768 mN/s）的 2.86 倍。随着交联剂质量分数的降低，壳聚糖基电驱动器的偏转位移与响应速度呈现先增加后降低趋势，在交联剂质量分数为 0.060% 时，具有最大偏转位移（5.6 mm）和最快响应速度（0.0727 mm/s），分别为最小偏转位移（2.4 mm）的 2.33 倍和最大响应速度（0.0286 mm/s）的 2.54 倍。随着交联剂质量分数的降低，壳聚糖基电驱动器的应变与力密度呈现先增加后降低趋势，在交联剂质量分数为 0.060% 时，具有最大应变（0.84%）与最大力密度（37.9 mN/g），分别为最小应变（0.36%）的 2.33 倍和最小力密度（10.1 mN/g）的 3.75 倍。

　　力学性能测试的实验结果表明，随着交联剂质量分数降低，壳聚糖基电驱动器的弹性模量呈现先降低后增加再降低趋势，当交联剂质量分数为 0.400% 时，最大弹性模量（1.816 MPa）为最小弹性模量（0.781 MPa）的 2.33 倍，与弯曲力、偏转位移的变化趋势相反。随着交联剂质量分数的降低，壳聚糖基电驱动器的拉伸应变呈现先增加后降低再增加趋势，当交联剂质量分数为 0.120% 时，拉伸应变最大（57%），为最小拉伸应变（30%）的 1.9 倍。随着交联剂质量分数的降低，电驱动层的失水率与失水速度呈现先降低后增加的趋势，在交联剂质量分数为 0.060%～0.075% 时，电驱动层具有稳定的含水量，改善电驱动层的弹性模量，从而增强壳聚糖基电驱动器的驱动性能。

　　电化学测试的实验结果表明，随着交联剂质量分数降低，电驱动层的电容保持在 7～8 mF/g，不同交联比例的电驱动层的导电特性基本一致，聚合物交联网格结构并未对电驱动层的导电特性产生影响。不同交联剂质量分数的表面扫描实验结果表明，在交联剂质量分数处于 0.200%～0.400% 时，电驱动层表面的聚合物交联网格如团簇的蜂窝，排列致密紧凑。当交联剂质量分数处于 0.075%～0.120%，电驱动层表面的聚合物交联网格呈现交叉纵横的方形大网格，交联剂质量分数为 0.075% 的电驱动层的交联网格尺寸更为显著。当交联剂质量分数为 0.060% 时，电驱动层表面网格较大，排列紧密、表层平缓。未交联的电驱动层表面凹凸不平，表面存有壳聚糖黏结的小毛刺。

　　研究结果表明，生物交联方法能够改善生物凝胶电驱动器的输出力、偏转位移及其响应速度,提高其输出力密度,较佳的交联剂质量分数为 0.060%~0.075%。不同交联比例的电驱动层的电容保持在 7~8 mF/g,聚合物交联网格结构并未对电驱动层的导电特性产生影响。交联剂质量分数处于 0.060%~0.120%,电驱动层的聚合物交联网格结构有序、排列致密。交联剂质量分数处于 0.060%~0.075%,电驱动层的含水量稳定、弹性较好。

聚合物交联的壳聚糖基电驱动器的驱动性能增强机理为:聚合物交联网格结构并未改变电驱动层的导电特性,主要通过改善电驱动层内部含水量,影响电驱动层的弹性模量。过大的聚合物交联网格结构会造成外界水分过量吸收,从而导致电驱动层过于柔韧;过小的聚合交联网格结构会造成电驱动层内部水分缺失严重,使得电驱动层坚硬干裂。同时,聚合物交联网格从一定程度上改善了聚合物单元间的空隙结构,这种空隙结构为离子运动提供了运动纳米通道,但过大的空隙结构会诱发电驱动层内部的水分泄漏,造成离子电解质溶液缺失;过小的空隙结构束缚离子运动,增加离子运动阻力。

2.3　离子运动诱发的偏转机理研究

前面对稀酸溶液类壳聚糖基电驱动器阴极偏转的驱动性能进行了研究,对比了离子液体与稀酸溶液两类离子电解质溶液作为电驱动层的壳聚糖基电驱动器的驱动性能差异,但并未对稀酸溶液类壳聚糖基电驱动器的阴极偏转现象内部的偏转机理进行说明。为了更清晰地了解壳聚糖基电驱动器的阴极偏转现象,本节主要对稀酸溶液类壳聚糖基电驱动器阴极偏转现象进行研究,同时对离子液体类壳聚糖基电驱动器的阳极偏转与稀酸溶液类壳聚糖基电驱动器的阴极偏转现象进行对比研究,阐明壳聚糖基电驱动器的偏转机理,并以稀酸溶液类壳聚糖基电驱动器的阴极偏转现象为例,建立壳聚糖基电驱动器偏转的多物理场数学模型。

1. 离子运动诱发的阳极偏转现象与阴极偏转现象

通过对聚合物壳聚糖的结构特性研究发现,聚合物壳聚糖作为一种天然的碱性多糖,可溶于稀盐酸、稀醋酸、柠檬酸、丙酮酸、乳酸等稀酸溶液。在稀酸溶液中,壳聚糖主链会部分水解,分子链上游离的氨基结合溶液中的氢离子,使壳聚糖成为带正电的聚电解质,将内部的运动离子变为稀酸根阴离子与氢离子。实验分别采用稀酸溶液(醋酸溶液)与离子液体作为离子电解质溶液的电驱动层,研究不同运动离子对壳聚糖基电驱动器的阴极偏转与阳极偏转现象。

图 2-27 为离子液体类壳聚糖基电驱动器 [图 2-27 (a)] 与醋酸溶液类壳聚糖

基电驱动器［图 2-27（b）］在 5 V 直流电压下的周期偏转变形示意图。实验结果显示，离子液体类壳聚糖基电驱动器与醋酸溶液类壳聚糖基电驱动器的响应时间分别为 46 s 与 23 s。对比研究发现，醋酸溶液的壳聚糖基电驱动器的响应时间相比离子液体的壳聚糖基电驱动器的响应时间缩短了一半，从一定程度上改善了壳聚糖基电驱动器的响应速度。

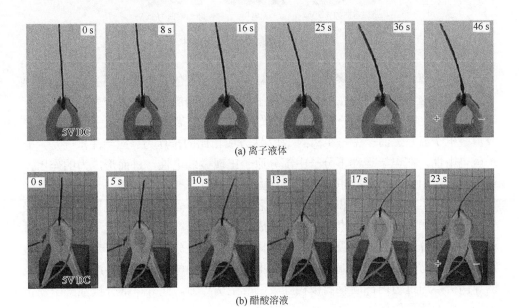

(a) 离子液体

(b) 醋酸溶液

图 2-27　变形周期内电驱动器偏转示意图

同时，实验结果显示，离子液体类壳聚糖基电驱动器在 5 V 直流电压下呈现阳极偏转现象。相反，醋酸溶液类壳聚糖基电驱动器在 5 V 直流电压下出现阴极偏转现象。结果表明，这种壳聚糖基电驱动器的偏转与内部离子电解质溶液中的运动离子有着密切关系，说明电驱动层中的运动离子对壳聚糖基电驱动器的驱动性能改善有重要作用。因此，实验发现稀酸溶液类壳聚糖基电驱动器的阴极偏转显著优于离子液体类壳聚糖基电驱动器的阳极偏转。然而，这种阴极偏转改善的原因以及在偏转过程中内部运动离子的运动机理有待于深入研究。

2. 离子液体类壳聚糖基电驱动器的阳极偏转机理

通过对壳聚糖基电驱动器的实验测试可知，在 5 V 直流电压下，壳聚糖基电驱动器发生了阳极偏转现象。当改变电压方向，壳聚糖基电驱动器朝着反方向偏转运动，加电后偏转过程如图 2-28 所示。

施加弯曲力 + 5 V　　　　　无电压　　　　施加弯曲力 –5 V

图 2-28　　电激励下偏转示意图

在当前离子液体的壳聚糖基电驱动器中，离子液体是电驱动层主要的运动离子。因此，这种变形机理主要通过阴离子与阳离子间的范德华力产生的效果进行阐明[8]。范德华力是一种分子间的静电作用力，主要表现为两种原子紧密接触形成重叠电子云，进而产生与距离的 1/12 次方成正比的排斥力。应当注意的是，分子呈电中性，在电子运动下分子中部分原子出现微弱电性，进而形成力的作用，这种力的作用主要为范德华力中的诱导力与取向力。

阴阳离子的极性分子和非极性分子之间存在诱导力，主要通过极性分子偶极与非极性分子两者之间的电场作用，造成非极性分子产生形变的电子云。在此过程中，极性分子偶极的阳极侧电子云聚集，而非极性分子中的正、负电荷重心重合，电子云与原子核发生偏移，进而产生偶极。这种电荷重心偏移产生形变形成诱导偶极，通过与内部固有偶极相互吸引产生诱导力。此外，部分极性分子发生形变，增大诱导偶极矩，进而产生取向力。

离子液体的壳聚糖基电驱动器的偏转是由电驱动层表面应力的变化诱发，而电驱动层应变主要由于离子液体的阳离子 $BMIM^+$ 与 BF_4^- 所产生的范德华力，在外界激励电压下，初始时处于离散状态的 $BMIM^+$ 与 BF_4^- 获得离子动能分别向电极的阴极与阳极移动，随着阴离子与阳离子浓度增加而诱发阳极与阴极的体积变化。基于 Baughman 等[9]的离子运动理论，电荷注入效果远小于阴极与阳极的体积变化，可忽略电荷注入与体积变化的结果。同时，区别于当前的 Takeuchi 等[10]离子注入电极层的报道，忽略电极层厚度的影响，可将离子液体的壳聚糖基电驱动器产生阳极偏转变形归结为离子浓度差诱导电驱动层体积变化产生的结果。

如图 2-29 所示，离子液体类壳聚糖基电驱动器产生响应速度主要是电驱动层空间体积变化的结果，其阳极偏转过程可以描述如下。在电激励信号下，电荷注入阴极与阳极形成双电层，电驱动层中的阴离子与阳离子同时朝着电极两侧移动，离子积累达到一定浓度值。由于 $BMIM^+$ 与 BF_4^- 存在明显的半径差，$BMIM^+$ 显著大于 BF_4^- 的半径值，使电驱动层产生体积差，由于范德华力而诱发壳聚糖基电驱动器出现了阳极偏转。

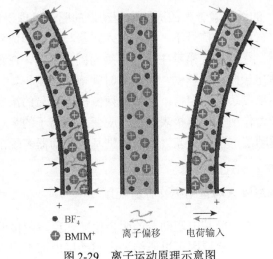

- ● BF$_4^-$
- ⊕ BMIM$^+$
- 〜 离子偏移
- → 电荷输入

图 2-29　离子运动原理示意图

3. 稀酸溶液类壳聚糖基电驱动器的阴极偏转机理

在上述研究中，采用稀酸溶液类壳聚糖基电驱动器的阴极偏转表现出优异于离子液体类壳聚糖基电驱动器阳极偏转的驱动性能，这种阴极偏转现象主要是内部离子运动的结果。如图 2-30（a）所示，壳聚糖分子主链包含大量的氨基（—NH$_2$），在稀酸的水溶液中，壳聚糖的主链水解，分子链上许多游离的氨基结合溶液中的氢离子（H$^+$），使壳聚糖成为带正电的阳离子（NH$_3^+$）的聚电解质，而剩下的阴离子（Y$^-$）处于游离状态，这些阴离子通常含有能够溶解壳聚糖的稀酸根，如醋酸根（Ac$^-$）、乳酸根（L$^-$）、盐酸根（Cl$^-$）等，如图 2-30（b）所示。类似于离子液体类壳聚糖基电驱动器，其偏转源于电驱动层表面应变，忽略电极层厚度的影响，其应变主要归结为电驱动层内部离子 H$^+$ 与 Y$^-$ 所产生的范德华力。

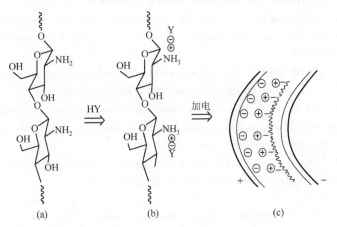

图 2-30　稀酸溶液壳聚糖基电驱动器的驱动机理

参考 Kim 等[11]的纤维素骨架的凝胶电驱动器的驱动机理研究，此种阴极偏转现象可以描述为：在电激励信号下，电荷注入阴极与阳极形成双电层，带正电的阳离子（NH_3^+）受到聚合物壳聚糖主链的束缚而固定不动，在范德华力的作用下阴离子（Y^-）朝着电极阳极侧移动，并随着时间增加浓度积累，而阳离子朝着阴极侧运动。当两侧浓度达到一定值，电极层两侧出现明显的浓度差，电驱动层内部的离子在范德华力作用下使电极表层呈现应变，阴离子的半径显著大于阳离子的半径，造成电驱动层产生体积差，使壳聚糖基电驱动器表现出了阴极偏转，如图 2-30（c）所示。

4. 壳聚糖基电驱动器的运动偏转行为机理

研究结果表明，壳聚糖基电驱动器的阴极偏转现象与阳极偏转现象的偏转机理类似，此类偏转变形主要原因可以归结为电驱动层内部不同半径大小的阴离子与阳离子运动造成的浓度积累诱发范德华力，进而诱导电驱动层表层的应变。因此，电驱动层内的运动离子能够影响壳聚糖基电驱动器的偏转运动，通过控制不同的离子电解质溶液可以对壳聚糖基电驱动器的偏转方向进行控制。

对于壳聚糖基电驱动器的偏转调控，可以通过明确电驱动层内部运动离子中阳离子与阴离子的半径大小控制壳聚糖基电驱动器弯曲偏转方向。若电驱动层中运动阳离子的半径大于运动阴离子的半径，壳聚糖基电驱动器朝着阳极偏转，产生阳极偏转现象；若电驱动层中运动阳离子的半径小于运动阴离子的半径，壳聚糖基电驱动器朝着阴极偏转，产生阴极偏转现象。

参 考 文 献

[1]　Djerassi C，Gray J D，Kincl F A. Naturally Occurring Oxygen Heterocyclics. Ⅸ. Isolation and characterization of Genipin. Journal of Organic Chemistry，1960，25（12）：2174-2177.

[2]　Butler M F，Ng Y F，Pudney P D A. Mechanism and kinetics of the crosslinking reaction between biopolymers containing primary amine groups and genipin. Journal of Polymer Science Part A：Polymer Chemistry，2003，41（24）：3941-3953.

[3]　Chiono V，Pulieri E，Vozzi G，et al. Genipin-crosslinked chitosan/gelatin blends for biomedical applications. Journal of Materials Science：Materials in Medicine，2008，19（2）：889-898.

[4]　Yang C Y，Hsu C H，Tsai M L. Effect of crosslinked condition on characteristics of chitosan/tripolyphosphate/ genipin beads and their application in the selective adsorption of phytic acid from soybean whey. Carbohydrate Polymers，2011，86（2）：659-665.

[5]　Sung H W，Chang Y，Chiu C T，et al. Mechanical properties of a porcine aortic valve fixed with a naturally occurring crosslinking agent. Biomaterials，1999，20（19）：1759-1772.

[6]　Chang Y，Tsai C C，Liang H C，et al. *In vivo* evaluation of cellular and acellular bovine pericardia fixed with a naturally occurring crosslinking agent（genipin）. Biomaterials，2002，23（12）：2447-2457.

[7]　姚芳莲，李学强，于满，等. 京尼平对壳聚糖及明胶的交联反应. 天津大学学报：自然科学与工程技术版，

2008，40（12）：1485-1489.

[8]　Zakhidov A A，Baughman R H，Iqbal Z，et al. Carbon structures with three-dimensional periodicity at optical wavelengths. Science，1998，282（5390）：897-901.

[9]　Baughman R H，Cui C，Zakhidov A A，et al. Carbon nanotube actuators. Science，1999，284（5418）：1340-1344.

[10]　Takeuchi I，Asaka K，Kiyohara K，et al. Electromechanical behavior of fully plastic actuators based on bucky gel containing various internal ionic liquids. Electrochimica Acta，2009，54（6）：1762-1768.

[11]　Kim J，Wang N，Chen Y. Effect of chitosan and ions on actuation behavior of cellulose-chitosan laminated films as electro-active paper actuators. Cellulose，2007，14（5）：439-445.

第3章 纤维素基仿生人工肌肉

3.1 制备工艺与驱动机理研究

纳米生物聚合物电活性聚合物的出现引起了人们对柔性电子器件[1, 2]、仿生机器人[3-5]、生物医学设备[6]和仿生传感器执行器等领域的极大兴趣[7-9]。因此，EAP因为其轻质、灵活及机械坚固性和易于制造以及低成本等优良特性被认为是极具潜力的驱动器[10-13]。随着各种新型纳米生物聚合物 EAP 不断出现，由两个纳米高导电电极层夹着的柔性聚合物电解质层组成的全凝胶态 EAP 作为一种新的研究方向受到学者的广泛关注。随着绿色制造成为未来发展趋势，人们迫切需要开发一种绿色环保的纳米生物聚合物驱动器。目前，在森林、贝壳、秸秆资源、海藻等中存在丰富的天然的壳聚糖和纤维素，其广泛应用于纳米生物聚合物驱动器的制造[14-16]，由此可见绿色生物聚合物驱动器的制备研究仍然是极具潜力的。因此，在目前的研究背景下，开发基于天然物质的绿色纳米生物聚合物驱动器具有重要意义。

目前，天然物质的纳米生物聚合物驱动器面临的主要问题有：大电流下变形较小、快速开关响应较慢、工作电压较低和使用寿命不长。在过去的研究中，更多的研究致力于研发具有高导电性的凝胶基聚合物复合材料驱动器，这是基于碳基纳米材料的最新衍生物[17, 18]。然而，根据纳米聚合物驱动器的结构组成，中间电解质层对机电性能的影响明显大于对电极层的影响。这是因为中间电解质层的厚度明显大于电极层[19, 20]。作为中间层离子聚合物电解质，离子导电性和柔韧性影响离子迁移效率和驱动器应力，这是离子电解质层优良特性以及高性能机电性能的关键[21, 22]。因此，离子聚合物电解质层的离子电导性和柔韧性是高驱动器性能的关键影响因素。

作为具有环氧化物和羧酸等多官能团的典型二维材料，氧化石墨烯（GO）是组装金属、半导体、高分子聚合物等的理想框架[23, 24]。将 GO 应用于离子聚合物电解质层可以改善导电性、电子运动能力与能量储存性等[25, 26]。但由于电活性聚合物具有表面有限、孔径较小等特点以及 GO 的结构受电化学性能差的影响，因此，将高分子聚合物嵌入还原氧化石墨烯（RGO）骨架中形成石墨烯基功能复合材料成为提高整体电化学性能的有效策略。此外，作为导电纤维，MWCNT 基于骨架和交叉结构具有良好的导电效果。然而，直接嵌入这些固体不可避免地会给成型过程带来各种困难，并且在模塑之前形成的简单的混合聚合物和纳米颗粒会出现聚集，从而显著降低其柔韧性。因此，寻求一种简便的方法来构建高效且灵活的电解质结构仍然具有挑战性。

3.1.1　溶解与驱动机理

离子液体溶解纤维素是离子液体中阴阳离子与纤维素上羟基相互作用的结果，如图 3-1 所示，具体溶解机理以离子液体氯化 1-丁基-3-甲基咪唑（[BMIM]Cl）溶解 α-纤维素（α-cellulose）为例进行说明。[BMIM]Cl 经过加热熔融后，解离成 Cl⁻ 和 [BMIM]⁺，二者处于游离状态，分别与纤维素中羟基的氢原子和氧原子形成氢键，减弱了纤维素分子间和分子内的氢键作用，进而破坏纤维素内的氢键网格结构而使其溶解，同时带有正电子的 [BMIM]⁺ 可与纤维素羟基上的氧原子通过电子的相互作用，阻止纤维素分子链间再次接触形成氢键，纤维素分子链以无序状态存在于离子液体中，达到溶解效果。

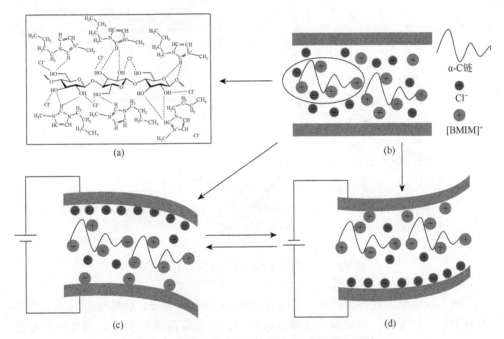

图 3-1　纤维素基仿生人工肌肉运动机理示意图

在中间层的成膜过程中，将纤维素/离子液体溶液涂抹于干净的玻璃板上并置于去离子水中，由于水与纤维素羟基之间存在竞争性氢键作用，削弱甚至打断 Cl⁻ 与纤维素中羟基中的氢原子之间的氢键作用，使得大部分 Cl⁻ 游离出来。在电激励信号作用下，电荷注入电极层两侧形成双电层，部分带正电的阳离子（[BMIM]⁺）受到纤维素氢键作用的束缚而固定不动，而解离出来的阴离子（Cl⁻）在范德华力的作用下朝着电极阳极侧移动。随着时间增加以及浓度积累，电极阳极侧阴离子（Cl⁻）浓度不断增加，当两侧浓度达到一定值，出现明显的浓度差，电驱动器内部的离子在范德华力与阴离子体积应变的作用下，使驱动器表现出了阴极偏转行为。

3.1.2　仿生人工肌肉的制备工艺流程

仿生人工肌肉的制备工艺流程如图 3-2 所示。

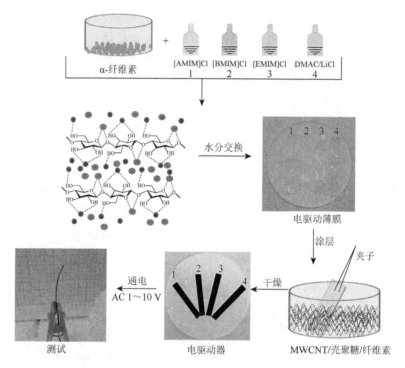

图 3-2　离子液体溶解纤维素成膜的工艺流程

（1）开启磁力搅拌器，将一个装有 100 mL 水的 500 mL 烧杯放置到磁力搅拌平台正中心位置上，将测温金属棒放入水中，将温度设置为 90℃，加热时间设置为 20 min，为纤维素的溶解提供水浴加热条件。

（2）称取 10 g 的[BMIM]Cl 于 100 mL 的烧杯中，磁力搅拌子用蒸馏水洗干净后放入到此烧杯中。待 500 mL 的烧杯中的水加热到 90℃后，将小烧杯放入到大烧杯中，调整小烧杯位置位于搅拌平台的正中心处。温度设置为 90℃不变，加热时间为 30 min，至[BMIM]Cl 完全溶解。

（3）用分析天平称取纤维素 0.8 g，逐渐加入到小烧杯中，完毕后把速度缓慢调整到 30%，搅拌时间设置为 120 min，温度设置为 90℃不变。

（4）将制备好的溶液在室温、46%湿度下涂抹在 100 mm×100 mm 的玻璃板上，取出在空气中静置 2 h。

（5）放置到蒸馏水中 30 min，进行交换处理后使用。

进行增塑时，电解质膜可以在一定质量分数的甘油水溶液中浸泡一段时间，取出静止干燥。

3.2　离子电解质层的工艺因素对驱动性能影响研究

3.2.1　不同离子液体溶解效果研究

以 WMCNT 为电极材料，纤维素为驱动层材料，组装成一种对称型驱动器。因为与人工合成的聚合物膜相比，纤维素薄膜具有更高的稳定性、良好的加工性，且无毒无害、能生物降解，所以驱动膜采用纤维素制备，电极膜采用 WMCNT 制备。本部分通过四种不同方法制备驱动膜，进行力学性能测试、表面形态的观察及红外光谱分析，通过比较，得到性能较佳的驱动膜制备工艺。

1. SEM 分析

采用日本电子 JSM-7500F 冷场发射扫描电子显微镜（SEM），加速电压为 5 kV，对样件的形貌进行观察。

图 3-3（a）为驱动器的整体断截面 SEM 图。观察发现，驱动器显著存在三明治结构，驱动膜（drive membrane）与两侧电极层紧贴，无空隙存在，保证了电极层与驱动膜间电子的高效传导。图 3-3（b）与（c）为驱动膜的表面与断截面 SEM 图，驱动膜的表面光滑、紧实致密，不存在大孔隙，而断面凹凸不平，源于在制样过程中液氮脆断形成的断截面。图 3-3（d）与（e）为电极层的表面与断截面的 SEM 图，观察发现，电极层通过壳聚糖与纤维素包裹大量的 MWCNT，重叠交叉，且大量 MWCNT 内部交错缠绕，通过四探针测试电极表层电阻在 100 Ω 以内，这满足驱动膜与电极层间电子传递的需要；电极层表层较为粗糙不平，较大的粗糙度与涂覆制备方法有关，表层与断截面放大后都可显著观察到单个 MWCNT 纳米结构。

2. FT-IR 与 XRD 扫描分析

实验采用美国 Nicolet iS50 傅里叶变换红外光谱仪，测试光谱范围为 4000～500 cm^{-1}，主要对 4000～1000 cm^{-1} 内的特征峰进行分析。实验采用荷兰帕纳科

X'Pert3 Powder X 射线衍射仪，设置扫描范围为 5°～55°，扫描速率为 5°/min，对样件的组成和结构进行常规的物相分析。

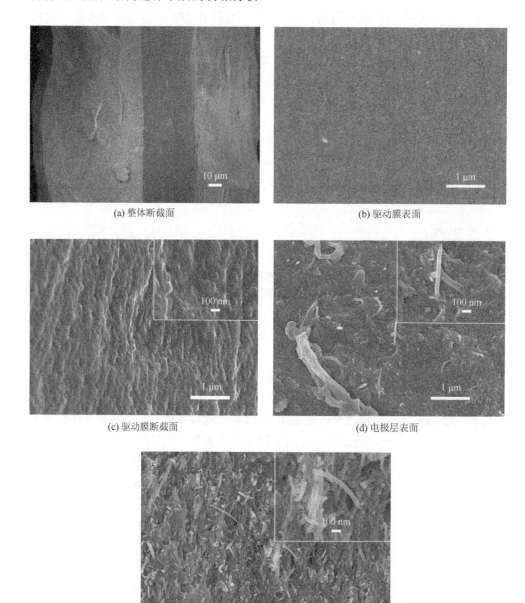

(a) 整体断截面　　　　　　　　　　　　　　　(b) 驱动膜表面

(c) 驱动膜断截面　　　　　　　　　　　　　　(d) 电极层表面

(e) 电极层断截面

图 3-3　离子液体再生纤维素方法的电驱动器的 SEM 图

图 3-4（a）为三种离子液体与 DMAC/LiCl 溶解再生纤维素驱动膜的 FT-IR 扫描图，通过与纯 α-纤维素对比可知，四条图谱所对应的特征峰的强度和位置发生变化，没有新的特征峰出现，这表明离子液体溶解纤维素与传统 DMAC/LiCl 溶解方法一样，没有新的官能团产生，整个过程只是纤维素的溶解与再生，无化学反应发生。相同峰位尖锐度不同，尖锐度大小大致与降解度成反比，这说明氯化1-烯丙基-3-甲基咪唑（[AMIN]Cl）、氯化 1-丁基-3-甲基咪唑（[BMIM]Cl）再生后的纤维素驱动膜降解度小于 1-乙基-3-甲基咪唑醋酸盐([EMIM]Ac)、N,N-二甲基乙酰胺/氯化锂（DMAC/LiCl）。

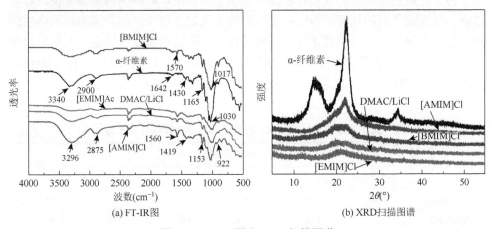

(a) FT-IR图　　　　　　　　　(b) XRD扫描图谱

图 3-4　FT-IR 图和 XRD 扫描图谱

图 3-4（b）为三种离子液体与 DMAC/LiCl 溶解再生纤维素驱动膜的 XRD 扫描图谱，通过与纯 α-纤维素膜衍射峰对比可知，溶解再生后的四种纤维素膜，衍射峰强度减小，衍射峰位发生偏移（14.81°偏移至 12.18°、16.21°偏移至 20.59°、22.21°偏移至 21.92°）。16.21°处峰位消失是由于溶解后，再生纤维素样件的结晶度减小，分子间以及氢键作用力降低。对比三类离子液体再生纤维素驱动膜与 DMAC/LiCl 制备驱动膜扫描结果可知，在相同峰位处，[AMIM]Cl 再生后的纤维素驱动膜峰位尖锐度远大于其他三者，这表明[AMIM]Cl 再生后的纤维素驱动膜的降解度较小。

由上述分析结果可知，离子液体再生纤维素与传统 DMAC/LiCl 溶解方法一样，再生后的驱动膜没有新物质产生，由 FT-IR 的特征峰值的位置偏移或 XRD 衍射峰位偏移可知再生纤维素驱动膜的内部结构与物理属性发生变化，进而影响电驱动器的电机械性能。下面将针对这种变化特性展开进一步分析。

3. 孔隙率分析

通过称重法进行检测：把驱动膜表面水分迅速吸干后，称其湿重 W_1，然后将膜在 60℃下干燥 2 h，再称其干重 W_2，采用式（3-1）计算孔隙率：

$$\rho_r = \frac{\dfrac{W_1 - W_2}{\rho_{H_2O}}}{\dfrac{W_1 - W_2}{\rho_{H_2O}} + \dfrac{W_2}{\rho_C}} \times 100\% \qquad (3\text{-}1)$$

式中，ρ_r 为孔隙率，%；ρ_{H_2O} 为水的密度，1 mg/mm³；ρ_C 为纤维素的密度，1.528 mg/mm³。

再生纤维素驱动膜的成型过程是一个相分离并由扩散控制的凝固成型过程，溶剂与凝固剂之间的相互扩散速度很大程度上决定了再生纤维素驱动膜的各项性能。在本实验中，其他工艺条件相同的条件下，不同的溶剂是决定相互扩散速度的主要因素。表 3-1 是实验孔隙率分析的结果，[AMIM]Cl、[BMIM]Cl、[EMIM]Ac、DMAC/LiCl 制备的纤维素驱动膜的孔隙率变化趋势如图 3-5 所示。

表 3-1　离子液体与 DMAC/LiCl 再生纤维素驱动膜的孔隙率值（%）

试剂	序号					均值
	1	2	3	4	5	
[AMIM]Cl	88.90	88.70	88.01	88.03	88.06	88.34
[BMIM]Cl	91.83	92.50	92.29	90.34	89.56	91.30
[EMIM]Ac	88.22	88.16	87.67	86.61	86.64	87.46
DMAC/LiCl	82.30	82.63	82.31	82.93	82.90	82.61

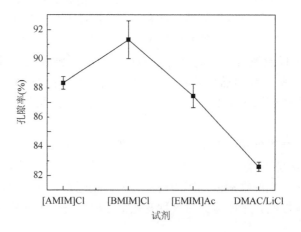

图 3-5　不同再生纤维素驱动膜的孔隙率

四种方法制备的纤维素驱动膜的孔隙率按照[AMIM]Cl、[BMIM]Cl、[EMIM]Ac、DMAC/LiCl 溶剂的不同再生后的驱动膜的孔隙率分别简记为 ρ_A、ρ_B、ρ_E、ρ_D。通过表 3-1、图 3-5 可知，驱动膜的孔隙率的变化趋势为 $\rho_B > \rho_A > \rho_E > \rho_D$。三种离子液体再生的纤维素驱动膜的孔隙率显著大于 DMAC/LiCl 溶剂制备的驱动膜。一方面，驱动膜通过孔隙结构形成一定的离子运动通道，过大或过小的孔隙率对内部离子的运动均不利；另一方面，孔隙率对膜层的弹性模量会产生影响，过大的孔隙率导致膜层过于柔韧而缺乏刚度，而过小的孔隙率导致膜层过硬而柔韧性变差。这表明，采用离子液体再生的方法制备电驱动器，通过提高孔隙率，从而提高膜层弹性模量与改善内部运动离子通道，使其电机械性能显著优于传统方法制备的电驱动器。

4. 拉伸实验分析

制备后的纤维素中间膜（长度×宽度 = 40 mm×10 mm）在拉伸速度 10 mm/min 的电子力学万能试验机 AG-A10T 进行拉伸实验。为了减小实验误差，每个因素测试三组求取平均值。实验测得驱动膜的拉伸强度、弹性模量、断裂伸长率、应力-应变曲线、拉伸样件，如图 3-6 所示。通过拉伸样件中的应力与应变曲线处理，可以获得膜层的弹性模量，如图 3-6（b）所示。可以发现，[EMIM]Ac 为溶剂的再生纤维素驱动膜的弹性相对较好，显著优于传统 DMAC/LiCl 溶剂再生的中间膜层，这种较好的膜层柔韧特征与较差的拉伸强度、最佳的断裂伸长率相对应。同时，这种变化趋势与图 3-5 驱动膜孔隙分析结果相一致，[EMIM]Ac 再生纤维素驱动膜的孔隙形成较好的离子迁移通道与相对较小的膜层刚度，使离子液体再生纤维素的电驱动器电机械性能优于传统 DMAC/LiCl 溶剂再生纤维素制备的电驱动器。

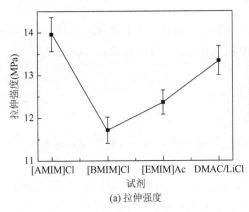

(a) 拉伸强度

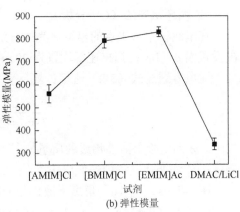

(b) 弹性模量

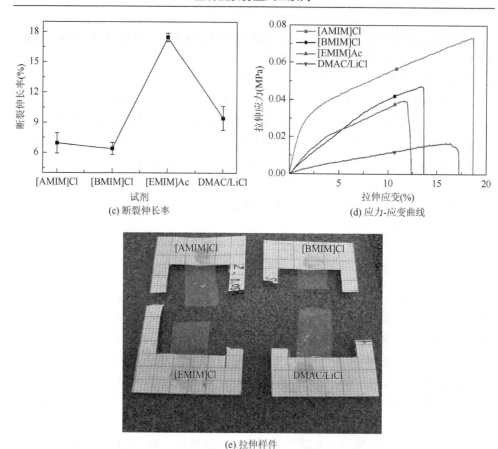

(c) 断裂伸长率

(d) 应力-应变曲线

(e) 拉伸样件

图 3-6　离子液体与 DMAC/LiCl 再生纤维素驱动膜的拉伸实验

5. 电化学表征

1）循环伏安法（CV 分析）

在本测试中，采用的电解液为 1 mol/L 的 LiCl 溶液。实验参数：扫描电压范围设置为 0～1 V；扫描速率设置为 20 mV/s、50 mV/s、100 mV/s、300 mV/s。

比电容通过式（3-2）进行计算。

$$C = \frac{1}{2 \cdot m \cdot s \cdot \Delta V} \int_{V_0}^{V_0 + \Delta V} I \mathrm{d}V \qquad (3-2)$$

式中，m 为电极上活性物质的质量；s 为电压扫描速率；ΔV 为整个循环过程中电势降；V_0 为循环过程中最低电压。

图 3-7（a）～（d）是离子液体与 DMAC/LiCl 再生纤维素驱动膜在扫描速率为 20 mV/s、50 mV/s、100 mV/s、300 mV/s 下的 CV 曲线。可以发现，不同扫描

速率下的 CV 曲线近似于矩形，基本无明显的氧化还原峰，是典型的双电层电容。而图 3-7（a）的 CV 曲线存在局部的氧化峰偏离，是电极内阻与测试过程中的氧化还原反应造成的。

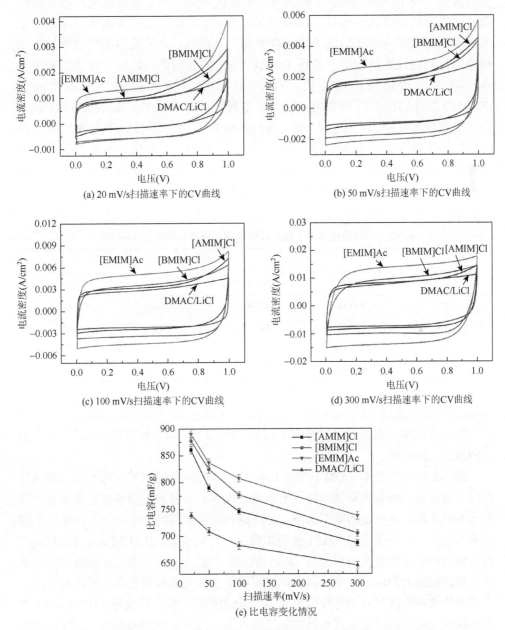

(a) 20 mV/s扫描速率下的CV曲线

(b) 50 mV/s扫描速率下的CV曲线

(c) 100 mV/s扫描速率下的CV曲线

(d) 300 mV/s扫描速率下的CV曲线

(e) 比电容变化情况

图 3-7　离子液体与 DMAC/LiCl 再生纤维素驱动膜的 CV 曲线图以及比电容变化曲线

通过式（3-2）对 CV 曲线面积计算获得相应比电容值，如表 3-2 与图 3-7（e）所示。随着扫描速率的增加，离子液体与传统 DMAC/LiCl 再生纤维素驱动膜的比电容值均呈现下降趋势，扫描速率越小，比电容值越大。通过对比离子液体与传统 DMAC/LiCl 再生驱动膜的比电容值可知，离子液体再生纤维素驱动膜的比电容值显著高于传统 DMAC/LiCl 的比电容值，比电容值从一定程度上能够反映驱动器内部运动离子的迁移效率。这说明，离子液体再生驱动膜的驱动器的电机械性能显著优于传统 DMAC/LiCl 的驱动器。同时，对于三种离子液体再生驱动膜的比电容值，[EMIM]Ac 再生驱动膜的比电容值高于 [BMIM]Cl、[AMIM]Cl 再生驱动膜的比电容值，在 20 mV/s 低扫描速率下，三者比电容值相差不大，而 300 mV/s 高扫描速率下，[EMIM]Ac 再生驱动膜的最大比电容值是最小值（[BMIM]Cl）的 1.1 倍。这表明，尽管离子液体再生纤维素的电驱动器的电机械性能提升，由于[EMIM]Ac 再生驱动膜具有高效的运动离子的迁移效率，因而具有相对较为优异的电机械性能。

表 3-2　　不同扫描速率下再生纤维素驱动膜的比电容值（mF/g）

速率（mV/s）	试剂			
	[AMIM]Cl	[BMIM]Cl	DMAC/LiCl	[EMIM]Ac
20	860.30	877.47	739.07	890.10
50	789.79	824.85	708.64	836.90
100	746.11	777.06	683.07	807.69
300	687.17	678.44	646.18	737.71

2）交流阻抗法（EIS 分析）

在本测试中，采用的电解液为 1 mol/L 的 LiCl 溶液，测得样件 $10^5 \sim 10^{-2}$ Hz 之间的交流阻抗谱。

图 3-8 为离子液体与 DMAC/LiCl 再生纤维素驱动膜在 $10^5 \sim 10^{-2}$ Hz 下的 EIS 曲线，通过拟合等效电路获得对应的参数（表 3-3）。样件三层膜结合紧密且电极和电解液界面的电荷转移电阻很小，导致高频段奈奎斯特（Nyquist）曲线的半圆弧并未显著。在中频段的 Warburg 阻抗区中，可以发现，[EMIM]Ac、[BMIM]Cl 再生驱动膜的扩散阻抗相对传统 DMAC/LiCl 的较小。这说明，电解质溶液的离子扩散过程遇到的阻力较小，离子能够更容易扩散到电极层表面，形成双电层。在高频段与实轴的交点的等效电阻 R_e 反映驱动器的内阻，可发现，[EMIM]Ac 再生驱动膜驱动器内阻低于其他再生驱动器内阻，这种较小的内阻进一步降低内部离子运动阻力，提升驱动器的电机械性能。

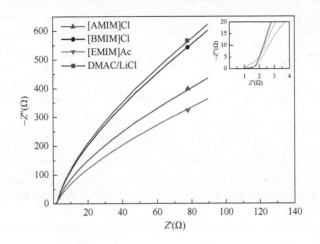

图 3-8　离子液体与 DMAC/LiCl 再生纤维素驱动膜在 $10^5 \sim 10^{-2}$ Hz 下的 EIS 曲线

表 3-3　不同再生纤维素驱动膜的参数

参数	试剂			
	[AMIM]Cl	[BMIM]Cl	DMAC/LiCl	[EMIM]Ac
$R_e(\Omega)$	1.012	0.93	1.01	0.98
$W_0(\Omega/s^{0.5})$	1.85	1.74	1.86	1.79
$C_{dl}(mF/cm^2)$	12.81	15.79	12.45	13.86

3）充放电法（GCD 分析）

采用的电解液为 1 mol/L 的 LiCl 溶液。恒电流充放电采用基于时间的循环，每个循环充放电时间设置为 10 s，电流密度设置为 1 A/g、5 A/g、10 A/g。

图 3-9（a）～（c）分别为离子液体与 DMAC/LiCl 再生纤维素驱动膜在不同电流密度下的 GCD 曲线，并标记相应电流密度下的电压降；通过对 GCD 曲线处理，分别获得不同电流密度下的电压降［图 3-9（d）］与比电容［图 3-9（e）］。随着电流密度增加，各类再生纤维素驱动膜的内阻消耗增加，故电压降与比电容呈现增加趋势。图 3-9（f）说明，随着电流密度的增加，各样件的功率密度快速增加，充放电速率加快。本实验采用基于时间的充放电测试方法，通过简化计算公式可知，当时间固定，比电容越大，电势变化越小，致使功率密度越小。通过对相同电流密度下电驱动器的功率密度对比发现，[EMIM]Ac 再生纤维素的电驱动器具有最小的功率密度。这表明，相同电流密度下，[EMIM]Ac 再生纤维素的电驱动器相对其他驱动器具有较小的内阻，整体变化趋势与 EIS 分析结果一致，因而其具有较好的电机械性能（响应速度）。

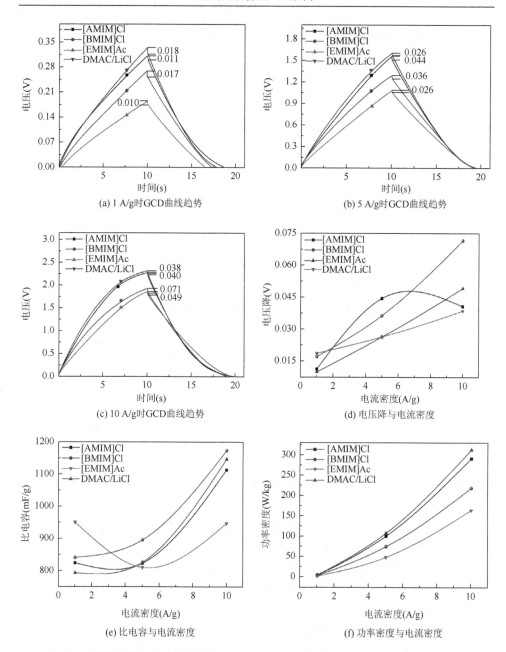

图 3-9　不同电流密度下离子液体与 DMAC/LiCl 再生纤维素驱动器的 GCD 曲线、
电压降、比电容、功率密度

6. 电机械性能对比分析

图 3-10 是离子液体与 DMAC/LiCl 再生纤维素驱动器的电机械曲线。图 3-10（a）

表明，在 5 V、0.05 Hz 时，离子液体[EMIM]Ac 制备的驱动器的单周期峰值位移最大为 1.97 mm，这是 DMAC/LiCl 制备的驱动器（0.84 mm）的 2.35 倍。结合图 3-10（b）可知，在 5 V、10^{-2} Hz 时，驱动器的峰值位移表现出最明显的差值。

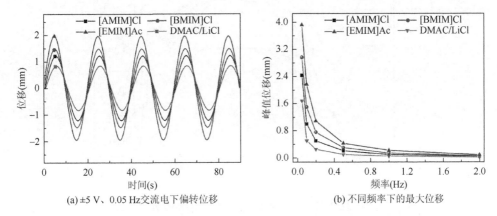

(a) ±5 V、0.05 Hz 交流电下偏转位移　　　　(b) 不同频率下的最大位移

图 3-10　离子液体与 DMAC/LiCl 再生纤维素驱动器的电机械曲线

3.2.2　增塑工艺因素的处理效果研究

由于没有经过塑化处理的纤维素膜脆弱、卷曲，而且易撕破，主要对驱动膜进行增塑处理。增塑纤维素膜通常的方法是经过甘油水溶液处理，甘油在此过程中起到增塑的作用。甘油的浓度、增塑时间、增塑浴温度都对纤维素膜有一定的影响，但温度的变化对膜性能影响不大。为了考察甘油增塑处理对纤维素膜表面性能和结构的影响，采用甘油对纤维素膜进行塑化、干燥处理，分别在不同的条件下进行了实验。

1. FT-IR 分析

实验采用美国 Nicolet iS50 傅里叶变换红外光谱仪，测试光谱 4000～500 cm^{-1}，主要对 4000～1000 cm^{-1} 内的特征峰进行分析，以便提供样件当中官能团的信息，进而确定部分乃至全部分子类型及结构。图 3-11 分别为甘油的浓度 30%、增塑时间 180min 情况下，由[BMIM]Cl 制备的纤维素驱动膜增塑后的 FT-IR 图形。

从图 3-11 中 FT-IR 图谱可以看出：3305 cm^{-1} 代表了 O—H 键的伸缩振动，2875 cm^{-1} 代表了 C—H 键的伸缩振动，1570 cm^{-1} 代表了 C=O 键的伸缩振动，1419 cm^{-1} 代表了—CH$_2$ 键的伸缩振动，1153 cm^{-1} 代表了 C—O—C 键的不对称伸缩振动，1017 cm^{-1} 代表了 C—C 键的骨架振动，800～1000 cm^{-1} 之间主要是 C$_1$ 基团组的振动峰。

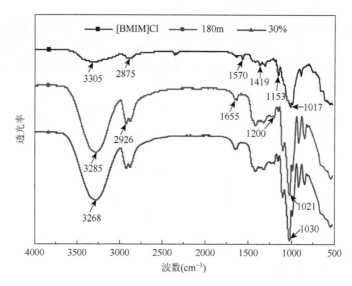

图 3-11　不同增塑条件下的 FT-IR 图谱

通过对比再生纤维素膜和进行增塑后的 FT-IR 图谱，可以看出：①只是峰的强度和位置发生了变化，没有新的特征峰出现，表示没有新的官能团产生，整个过程只是纤维素的溶解与再生，无化学反应发生；②各个峰位的尖锐度增加、表明结晶度上升，因为在增塑过程中，纤维素分子间氢键发生了一定的重组；③由上面已知，纤维素在增塑过程中，部分分子间氢键受到了破坏和发生了重组，所以化学键的峰位会发生一定的偏移。具体来说，O—H 键的伸缩振动峰由 3305 cm^{-1} 处偏移到了 3285 cm^{-1}、3268 cm^{-1}，这是由于 $C_2\sim C_5$ 基团组发生了一定的变化；C—H 键的伸缩振动由 2875 cm^{-1} 处偏移到了 2926 cm^{-1}；C—O—C 键的不对称伸缩振动峰由 1153 cm^{-1} 处偏移到了 1200 cm^{-1}，这是由于 C_1 与 C_4 基团组发生了一定的变化。

2. XRD 扫描分析

实验采用荷兰帕纳科 X'Pert3 Powder X 射线衍射仪，设置扫描范围为 5°～55°，扫描速率为 5°/min，对样件的组成和结构进行常规物相分析。图 3-12（a）、（b）分别是由[BMIM]Cl 制备的纤维素驱动膜在不同浓度、时间条件下增塑后的 XRD 图形。

可以看出，相同峰位处，进行增塑处理后，纤维素驱动膜的衍射峰在 12.18°、20.59°、21.92°处，是典型的纤维素 II 型峰。在进行不同浓度和不同时间的增塑处理后，衍射峰强度增加，表示分子间作用力增强。不同条件进行增塑后，衍射峰位发生了偏移（不同浓度时，衍射峰位从 20.59°偏移到了 20.2°左右；增塑不同时间后，衍射峰位从 20.59°偏移到了 21.2°、20.2°处）。

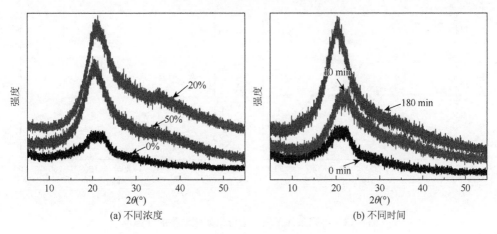

(a) 不同浓度　　　　　　　　　　(b) 不同时间

图 3-12　不同条件下增塑后纤维素驱动膜的 XRD 图形

由上述分析结果可知，不同条件下增塑后的纤维素驱动膜没有新物质生成，由 XRD 衍射峰位偏移可知，再生纤维素驱动膜的内部结构与物理属性发生变化，将影响电驱动器的电机械性能。下面将对此变化作进一步分析。

3. 孔隙率分析

孔隙率的计算方法同式（3-1），此处不再赘述。将制备的纤维素驱动膜在室温条件下，浸泡在 0%、5%、10%、20%、30%、40% 和 50% 的甘油水溶液中增塑相同时间。在室温条件下，将制备的纤维素薄膜浸泡在浓度（30%）和增塑浴温度不变的甘油水溶液中，改变增塑时间 t，将纤维素膜自然晾干，进行性能测试。实验结果见表 3-4、表 3-5，并绘成图 3-13。

表 3-4　不同浓度条件下增塑后纤维素驱动膜的孔隙率

参数	浓度（%）						
	0	5	10	20	30	40	50
W_1(g)	1.0683	1.8051	1.5347	2.1726	1.4287	2.6932	1.7735
W_2(g)	0.1309	0.3079	0.3118	0.5232	0.5351	1.1741	1.0450
ρ_r(%)	91.30	88.14	85.67	82.79	71.57	66.41	51.58

表 3-5　不同时间条件下增塑后纤维素驱动膜的孔隙率

参数	时间（min）						
	0	5	10	30	60	120	180
W_1(g)	1.0683	1.3970	1.5252	1.4125	1.2722	1.2980	1.647
W_2(g)	0.1309	0.4401	0.5053	0.5273	0.5075	0.5892	0.698
ρ_r(%)	91.30	76.86	75.51	71.95	69.72	64.76	61.84

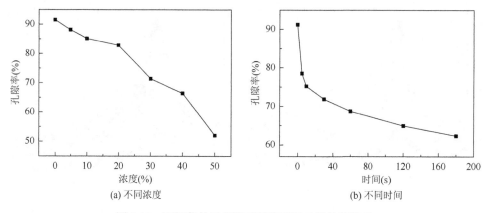

图 3-13　不同条件下增塑后纤维素驱动膜的孔隙率

纤维素驱动膜的成型过程是一个相分离并由扩散控制的凝固成型过程，溶剂与凝固剂之间的相互扩散速度很大程度上决定了再生纤维素驱动膜的各项性能。本实验中，在其他工艺条件相同的条件下，增塑浴的浓度与增塑时间是决定相互扩散速度的主要因素。根据表 3-4、表 3-5 的实验孔隙率的结果，不同增塑浴浓度与增塑时间的纤维素驱动膜的孔隙率变化趋势如图 3-13 所示。

由图 3-13 可知，随着增塑浴浓度增加、增塑时间的延长，孔隙率明显降低。一方面，驱动膜通过孔隙结构可形成一定的离子运动通道，过大或过小的孔隙率对内部离子的运动均不利；另一方面，孔隙率对膜层的弹性模量会产生影响，过大的孔隙率导致膜层过于柔韧而缺乏刚度，而过小的孔隙率导致膜层过硬而柔韧性变差。这表明，进行一定浓度与时间增塑处理后，电驱动器通过孔隙率提高膜层弹性模量与改善内部运动离子通道，使其电机械性能显著优于初始的电驱动器。

4. 电化学表征

1）CV 分析

在本测试中，采用的电解液为 1 mol/L 的 LiCl 溶液。实验参数：扫描电压范围设置为 0～1 V；扫描速率设置为 20 mV/s、50 mV/s、100 mV/s、300 mV/s。

比电容计算方法同式（3-2），此处不再赘述。

图 3-14(a)～(d)是经过不同浓度增塑后的纤维素驱动膜在扫描速率 20 mV/s、50 mV/s、100 mV/s、300 mV/s 下的 CV 曲线。可以发现，不同扫描速率下的 CV 曲线近似于矩形，基本无明显的氧化还原峰，是典型的双电层电容。

通过式（3-2）对 CV 曲线面积计算获得相应比电容值，如表 3-6 与图 3-14（e）所示。随着扫描速率的增加，纤维素驱动膜的比电容值均呈现下降趋势，且扫描速率越小，比电容值越大。

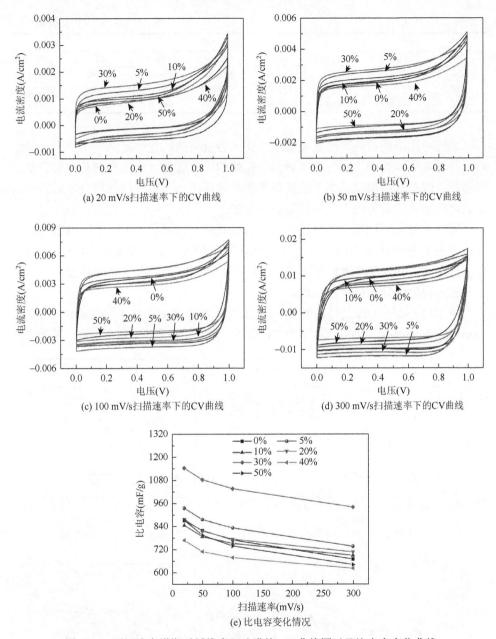

(a) 20 mV/s扫描速率下的CV曲线

(b) 50 mV/s扫描速率下的CV曲线

(c) 100 mV/s扫描速率下的CV曲线

(d) 300 mV/s扫描速率下的CV曲线

(e) 比电容变化情况

图 3-14 不同浓度增塑后纤维素驱动膜的 CV 曲线图以及比电容变化曲线

表 3-6 不同扫描速率下不同浓度增塑后纤维素驱动膜的比电容值（mF/g）

速率（mV/s）	浓度（%）						
	0	5	10	20	30	40	50
20	877.47	940.57	851.78	883.48	1145.60	774.84	879.56

续表

速率（mV/s）	浓度（%）						
	0	5	10	20	30	40	50
50	824.85	882.19	793.23	822.12	1086.30	716.99	800.43
100	777.06	838.31	759.07	780.75	1039.97	685.95	745.95
300	678.44	743.53	697.59	715.02	944.95	630.82	650.59

通过对比增塑前后纤维素驱动膜的比电容值可知，在一定浓度增塑浴中增塑后，纤维素驱动膜的比电容值显著高于初始的比电容值，比电容值从一定程度上能够反映驱动器内部运动离子的迁移效率。这说明，一定浓度增塑处理后的驱动器的电机械性能显著优于初始状态的驱动器。

同时，对比不同增塑浓度后纤维素驱动膜的比电容值，30%浓度增塑处理后纤维素驱动膜的比电容值明显高于其他浓度增塑处理后纤维素驱动膜的比电容值。这表明，30%浓度增塑处理后驱动膜具有高效的运动离子的迁移效率，因而具有相对较为优异的电机械性能。

图 3-15（a）～（d）是经过增塑不同时间后的纤维素驱动膜在扫描速率 20 mV/s、50 mV/s、100 mV/s、300 mV/s 下的 CV 曲线，所有 CV 曲线近似于矩形，无明显的

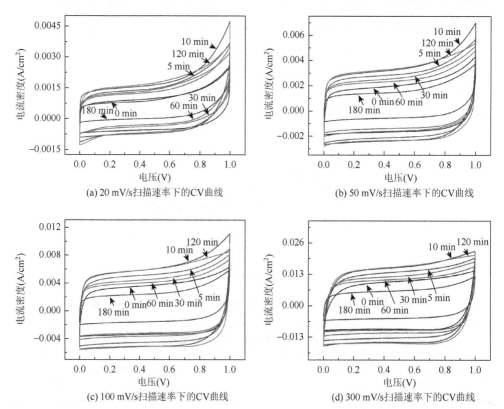

(a) 20 mV/s扫描速率下的CV曲线　　　　　　(b) 50 mV/s扫描速率下的CV曲线

(c) 100 mV/s扫描速率下的CV曲线　　　　　　(d) 300 mV/s扫描速率下的CV曲线

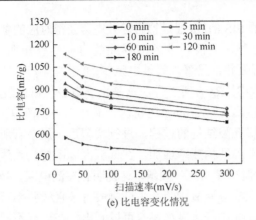

(e) 比电容变化情况

图 3-15　增塑不同时间后纤维素驱动膜的 CV 曲线图以及比电容变化曲线

氧化还原峰，是典型的双电层电容。本实验中的 CV 曲线与理想的矩形曲线有一定程度偏离，是因为存在电极内阻，以及在测试过程中发生一定的氧化还原反应。

　　通过式（3-2）对 CV 曲线面积计算获得相应比电容值，如表 3-7 与图 3-15（e）所示。随着扫描速率的增加，纤维素驱动膜的比电容值均呈现下降趋势，扫描速率越小，比电容值越大。通过对比增塑前后纤维素驱动膜的比电容值可知，在一定时间范围内，进行增塑处理，比电容值都会增加，比电容值从一定程度上能够反映驱动器内部运动离子的迁移效率。这说明，增塑一定时间处理后的驱动器的电机械性能显著优于初始状态的驱动器。同时，对比增速不同时间后纤维素驱动膜的比电容值可知，增塑 120 min 后纤维素驱动膜的比电容值明显高于其他浓度增塑处理后纤维素驱动膜的比电容值。这表明，增塑 120 min 处理后驱动膜具有高效的运动离子迁移效率，因而具有相对优异的电机械性能。

表 3-7　不同扫描速率下增塑不同时间后纤维素驱动膜的比电容值（mF/g）

速率（mV/s）	时间（min）						
	0	5	10	30	60	120	180
20	877.47	1009.21	939.81	1061.17	896.90	1137.49	579.95
50	824.85	922.38	874.33	986.88	828.20	1072.64	538.20
100	777.06	873.02	843.34	938.87	792.59	1030.71	510.67
300	678.44	769.17	742.07	866.86	723.15	929.716	462.10

2）EIS 分析

　　在本测试中，采用的电解液为 1 mol/L 的 LiCl 溶液。测得样件在 $10^5 \sim 10^{-2}$ Hz 之间的交流阻抗谱。

　　图 3-16（a）、（b）分别为不同浓度增塑处理和增塑不同时间的纤维素驱动膜

在 $10^5 \sim 10^{-2}$ Hz 下的 EIS 曲线,通过拟合等效电路获得对应的参数(表 3-8、表 3-9),样件三层膜结合紧密且电极和电解液界面的电荷转移电阻很小，导致高频段 Nyquist 曲线的半圆弧并不显著。等效电阻 R_e 通过高频段与实轴交点得到，进行增塑处理后，等效电阻 R_e 有所上升，这是由于电极材料内阻和电极/驱动层接触电阻增加。在中频段出现 Warburg 阻抗区，具体为一小段 45°的线段，表示电解液离子扩散进入电极孔隙结构的过程，进行增塑后，斜率有所上升，表示电解液离子扩散进入电极孔隙结构速率增加。在低频区，图像为直线型，这条直线代表了双电层电容 C_{dl}，但与虚轴有些倾斜，这说明存在漏电阻，是在测试过程中电极材料上发生反应产生漏电流造成的；由低频段每条直线斜率可以看出整个过程离子扩散速度的快慢，低频段从直线斜率可以看出，在进行不同浓度增塑后，离子扩散速度有所加快；在进行增塑不同时间后，离子扩散速度基本不变。

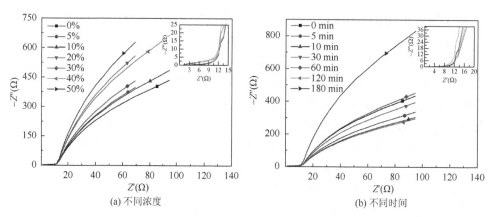

(a) 不同浓度　　　　　　　　　　　　　　(b) 不同时间

图 3-16　不同条件下增塑后纤维素驱动膜在 $10^5 \sim 10^{-2}$ Hz 下的 EIS 曲线

表 3-8　不同浓度增塑后纤维素驱动膜的参数

参数	浓度（%）						
	0	5	10	20	30	40	50
$R_e(\Omega)$	1.03529	1.02516	1.19489	1.11159	1.18665	1.23097	1.07704

表 3-9　增塑不同时间后纤维素驱动膜的参数

参数	时间（min）						
	0	5	10	30	60	120	180
$R_e(\Omega)$	1.03529	1.06686	1.12435	1.19945	1.14548	1.11944	1.27701

3）GCD 分析

采用的电解液为 1 mol/L 的 LiCl 溶液。恒电流充放电采用基于时间的循环，一个循环充放电时间设置为 10 s，电流密度设置为 1 A/g、5 A/g、10 A/g。

　　图 3-17（a）～（c）分别为不同浓度增塑后纤维素驱动膜在不同电流密度下的 GCD 曲线。由于采用基于时间的充放电测试方法，当时间固定，则比电容越大，电势变化会越小，所以 GCD 曲线可以反映出电容容量的大小。

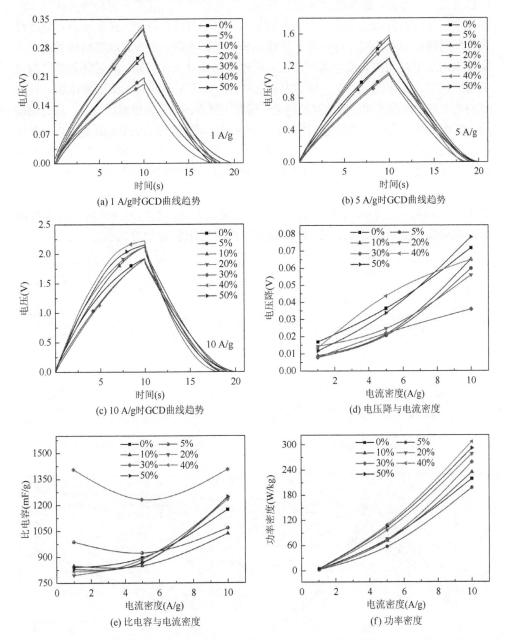

图 3-17　不同电流密度下不同浓度增塑后纤维素驱动膜的 GCD 曲线、电压降、比电容、功率密度

　　由图 3-17（a）～（c）可知，30%浓度增塑处理后纤维素驱动膜的比电容明显高于其他浓度增塑处理后纤维素驱动膜的比电容，与 CV 测试结果一致。通过对 GCD 曲线处理，分别获得不同电流密度下的电压降［图 3-17（d）］与比电容［图 3-17（e）］，可以看出，一方面，随着电流密度的增加，比电容整体呈现增大的趋势，其中 30%浓度增塑处理后纤维素驱动膜的比电容最大；另一方面，增塑浴浓度不同，导致纤维素驱动膜孔隙率不同，这使离子通透率和韧性都不同，进而影响电机械性能。本实验采用基于时间的充放电测试方法。通过简化计算公式可知，当时间固定，则电流密度越大，功率密度越大。所以从图 3-17（f）可见，随着电流密度增加，各样件的功率密度快速增加。通过对相同电流密度下样件的功率密度对比发现，进行增塑后，纤维素驱动器的功率密度有所增加。这表明，增塑处理后的驱动器充放电速率快于初始状态的驱动器。此外，可以看出各样件内阻大小，其整体变化趋势与 EIS 分析结果一致。综合考虑，30%浓度增塑处理后驱动膜具有相对较为优异的电机械性能。

　　图 3-18（a）～（c）分别为增塑不同时间后纤维素驱动膜在不同电流密度下的 GCD 曲线。由于采用基于时间的充放电测试方法，且当时间固定，比电容越大，电势变化会越小，所以 GCD 曲线可以反映出电容容量的大小。

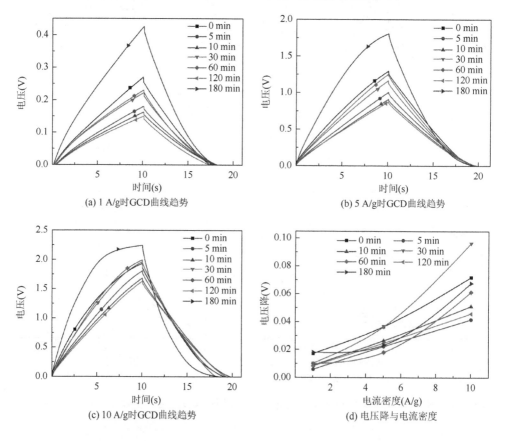

(a) 1 A/g时GCD曲线趋势　　　　　　　(b) 5 A/g时GCD曲线趋势

(c) 10 A/g时GCD曲线趋势　　　　　　　(d) 电压降与电流密度

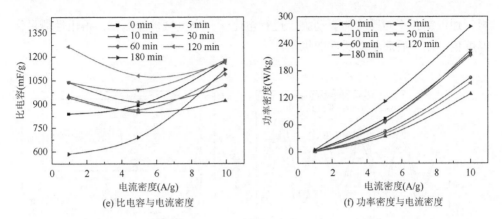

(e) 比电容与电流密度　　　　　　　　(f) 功率密度与电流密度

图 3-18　不同电流密度下增塑不同时间后纤维素驱动膜的 GCD 曲线、电压降、比电容、功率密度

由图 3-18（a）～（c）可知，增塑 120 min 后纤维素驱动膜的比电容明显高于其他浓度增塑处理后纤维素驱动膜的比电容，与 CV 测试结果一致。通过对 GCD 曲线处理，分别获得不同电流密度下的电压降 [图 3-18（d）] 与比电容 [图 3-18（e）]，可以看出：一方面，随着电流密度的增加，比电容整体呈现增大的趋势，增塑 120 min 后纤维素驱动膜的比电容最大；另一方面，增塑时间不同，导致纤维素驱动膜孔隙率不同，驱动膜内部物理结构发生变化，进而影响电机械性能。本实验采用基于时间的充放电测试方法，通过简化计算公式可知，当时间固定，则电流密度越大，致使功率密度越大。所以，从图 3-18（f）可见，随着电流密度增加，各样件的功率密度快速增加。通过对相同电流密度下样件的功率密度对比发现，进行增塑处理后，纤维素驱动器的功率密度大部分下降，是由于驱动膜通透性变差，从而导致离子传输速率降低。此外，可以看出各样件内阻大小，整体变化趋势与 EIS 分析结果一致。综合考虑，增塑 120 min 后驱动膜具有相对优异的电机械性能。

5. 电机械性能对比分析

图 3-19 为不同增塑条件下纤维素驱动器的电机械曲线。图 3-19（a）表明，在 ±5 V 交流电、0.05 Hz 时，在 30%、120 min 的增塑条件下，驱动器的单周期峰值位移为 2.89 mm，这是未增塑的驱动器的 2.19 倍。结合图 3-19（b）可知，驱动器的峰值位移表现出最明显的改善，在 5 V、10^{-2} Hz 时，是未增塑驱动器的 3.93 倍。

3.2.3　电解质层厚因素的影响效果研究

本部分在前面的基础上，从影响驱动膜性能的因素中，针对厚度这一重要因素，通过制备不同厚度的驱动膜，进行电化学和电机械性能测试，得出性能最优厚度值，便于后期驱动器性能优化。

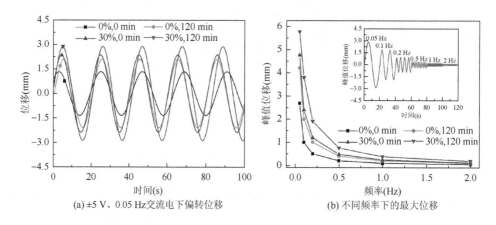

图 3-19　不同增塑条件下纤维素驱动器的电机械曲线

1. 电化学表征

1）CV 分析

在本测试中，采用的电解液为 1 mol/L 的 LiCl 溶液。实验参数：扫描电压范围设置为 0～1 V；扫描速率设置为 20～500 mV/s。比电容计算方法同式（3-2），此处不再赘述。

图 3-20（a）～（g）是不同厚度再生纤维素驱动膜在扫描速率 20～500 mV/s 下的 CV 曲线，可知在同电势窗口下，其具有相似的曲线形状。通过式（3-2）对 CV 曲线面积计算获得相应比电容值（表 3-10），并绘出其变化趋势 [图 3-20（h）]。随着扫描速率的增加，不同厚度再生纤维素驱动膜的比电容值均呈现下降趋势（其中 0.7 mm、0.9 mm 下降尤为明显），与以往文献变化趋势吻合。通过对比不同厚度再生纤维素驱动膜的比电容可知，在低于 100 mV/s 扫描速率下，0.7 mm 再生纤维素驱动膜的比电容值明显高于其他值；而高扫描速率下，其比电容下降明显（20 mV/s 扫描速率下比电容是 500 mV/s 时的 1.76 倍）。再生纤维素驱动膜厚度较大时，其表面和内部比表面积较大，致使比电容较大，但其离子通透性较差；厚度较小时，其离子通透性较好，致使比电容较大，但由于其比表面积较小，内部容纳及通过离子数量有限。这表明，尽管 1.1 mm、0.3 mm 厚度的再生纤维素的电驱动器的比电容值稳定居中，但其电机械性能较差。因此 0.7 mm 厚度的再生纤维素电驱动器具有相对优异的电机械性能。

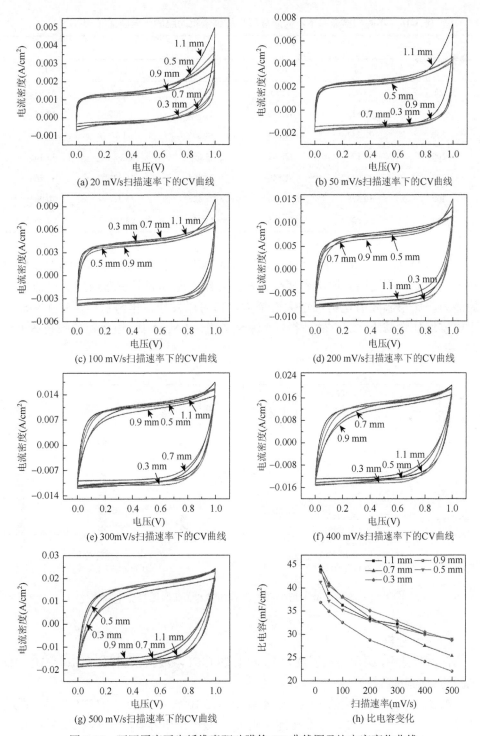

图 3-20 不同厚度再生纤维素驱动膜的 CV 曲线图及比电容变化曲线

表 3-10 不同扫描速率下不同厚度再生纤维素驱动膜的比电容值（mF/cm²）

速率（mV/s）	厚度（mm）				
	0.3	0.5	0.7	0.9	1.1
20	43.527	41.33	44.708	36.913	43.952
50	40.515	37.238	41.065	35.007	38.957
100	38.247	34.284	38.005	32.62	36.326
200	34.177	32.982	33.697	28.827	33.168
300	32.944	31.549	30.544	26.521	32.264
400	30.578	30.024	27.622	23.217	30.082
500	28.806	29.095	25.439	22.101	29.002

图 3-21 是不同电位下，0.7 mm 厚度的再生纤维素驱动膜在 20 mV/s 扫描速率下的 CV 曲线图及比电容变化。再生纤维素驱动膜具有适应广泛电势窗口的能力。比电容随着电势的增大而增大，但可以发现，电势窗口超过 1 V 时，比电容增加量减小，造成额外损耗。综合考虑，本实验中，电势窗口设置为 0～1 V 适宜。

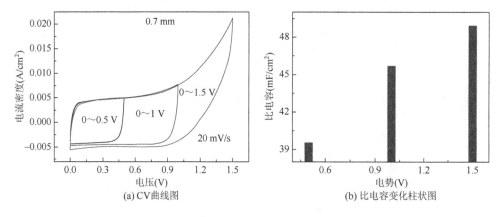

(a) CV曲线图 (b) 比电容变化柱状图

图 3-21 不同电位下再生纤维素驱动膜 CV 曲线图及比电容变化

2）EIS 分析

在本测试中，采用的电解液为 1 mol/L 的 LiCl 溶液。测得样件在 $10^5 \sim 10^{-2}$ Hz 之间的交流阻抗谱。

图 3-22 为不同厚度的再生纤维素驱动膜在 $10^5 \sim 10^{-2}$ Hz 下的 EIS 曲线，通过计算可得到等效电阻 R_e、电荷传递电阻 R_{ct}、双电层电容 C_{dl}，记录在表 3-11 中。

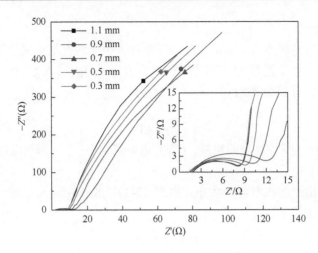

图 3-22　不同厚度再生纤维素驱动膜在 $10^5 \sim 10^{-2}$ Hz 下的 EIS 曲线

表 3-11　不同再生纤维素驱动膜的参数

参数	厚度（mm）				
	0.3	0.5	0.7	0.9	1.1
$R_e(\Omega)$	1.367	1.593	1.61	1.654	1.873
$R_{ct}(\Omega)$	7.118	6.918	8.778	11.664	7.362
$C_{dl}(mF)$	0.299	0.365	0.390	0.468	0.495

等效电阻 R_e 由高频段与实轴的交点获得，反映了驱动器内阻和中间电解质溶液的电阻大小，可以直观影响电机械偏转位移和输出力大小。其他条件不变时，随着再生纤维素驱动膜厚度的增加，研究电极和辅助电极之间间距增大，R_e 应呈增加趋势，由图 3-22、表 3-11 可知，其符合正常规律。电荷传递电阻 R_{ct} 反映电荷（电子和离子）转移进入到活性物质表面的难易程度，其大小可由高频段直径获得。由于 R_{ct} 是一定时间内，离子/电子通过数量的反映，其与再生纤维素驱动膜通透性、可容纳数量有关。所以，由图 3-22、表 3-11 可知，再生纤维素驱动膜的膜层厚度不同，造成孔隙率不同，最终离子通道的排布规则性和容纳性不同，致使电化学（阻抗、电容）性能不同，下面将通过电机械性能差异做进一步探究。双电层电容 C_{dl} 通过 $C_{dl} = 1/\omega R_{ct}$ 计算获得，可以反映内部电荷容纳能力。当施加一定大小的电压后，内部电荷随之朝向特定方向移动并逐渐堆积。受再生纤维素驱动膜通透性等因素影响，从而显出差异。由图 3-22、表 3-11 可知，其值随着厚度增加而增加，但由于电机械性能与厚度呈现逆向关系，后续探究将做详细说明。

3）GCD 分析

实验采用的电解液为 1 mol/L 的 LiCl 溶液。恒电流充放电采用基于电位的循环，电势窗口大小设置为 0.5 V，电流密度设置为 1 A/g、5 A/g、10 A/g。

比电容 C 的计算公式为

$$C = \frac{I \cdot \Delta t}{m \cdot \Delta V} \tag{3-3}$$

式中，m 为电极上活性物质的质量；I 为充电电流大小；ΔV 为充电电势差；Δt 为充电时间。

根据计算出来的比电容 C 大小，由式（3-4）、式（3-5）可以进一步算出能量密度 E 和功率密度 P。

$$E = \frac{1}{2} C (\Delta V)^2 \tag{3-4}$$

$$P = \frac{E}{\Delta t} \tag{3-5}$$

图 3-23（a）～（c）分别为不同厚度的再生纤维素驱动膜在不同电流密度下的 GCD 曲线，通过对 GCD 曲线处理，分别获得不同电流密度下的电压降[图 3-23（d）]。随着电流密度增加，不同厚度的再生纤维素驱动膜的内阻消耗增加，故电压降呈现增加趋势。可以发现电压降大小关系与前面 EIS 中内阻大小基本对应，其中 0.5 mm 厚度的电压降低于 0.3 mm 厚度的电压降，是由于内部阻抗大小影响，由电荷传递电阻可见。比电容采用式（3-3）计算，将结果绘制成图 3-23（e），其结果与 CV 测试结果基本一致，0.7 mm、1.1 mm 厚度的再生纤维素驱动膜的比电容高于其他。由于受到再生纤维素驱动膜通透性影响，离子迁移速率和数量不能瞬时与电流密度增加大小相一致，致使比电容初始呈现下降趋势，后来逐渐平稳。根据式（3-4）、式（3-5）计算出能量密度、功率密度。当电位固定，则能量密度变化趋势与比电容变化趋势一致，0.7 mm、1.1 mm 厚度的再生纤维素驱动膜能量密度高于其他厚度驱动膜的能量密度。

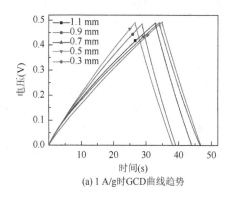

(a) 1 A/g时GCD曲线趋势

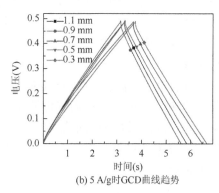

(b) 5 A/g时GCD曲线趋势

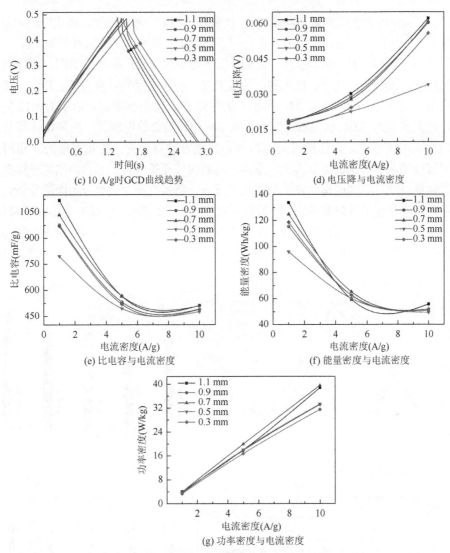

图 3-23　不同电流密度下、不同厚度再生纤维素驱动膜的 GCD 曲线、电压降、
比电容、能量密度、功率密度

　　本实验采用基于电位的充放电测试方法，通过简化计算公式可知，电流密度越大，功率密度越大，所以其随着电流密度增加呈现上升趋势。由于良好的孔隙结构，导电离子运动速率快，0.7 mm 厚度的再生纤维素驱动膜组成的驱动器充放电速率大于 1.1 mm 厚度的速率，远快于其他厚度的速率，在各电流密度下，是 0.3 mm 厚度的 1.2 倍，是 0.5 mm、0.9 mm 厚度的 1.1 倍。可见 0.7 mm 厚度的再生纤维素驱动膜组成的驱动器具有优异响应速度。

　　图 3-24（a）、（c）分别是 5 A/g、10 A/g 电流密度下，不同电位（0~0.5 V、0~

1 V）、不同厚度再生纤维素驱动膜的 GCD 曲线。与 CV 测试相同，再生纤维素驱动膜具有适应广泛电势窗口的能力，也证明了该驱动器具有广阔的发展前景。图 3-24（b）、（d）分别是对应的比电容、能量密度、功率密度变化趋势柱状图，可知同电流密度下，随着电位提升，比电容、能量密度、功率密度都显著增加。其中，能量密度最大提升为原来的 5.48 倍，最小为的 3.52 倍，比电容增加为原来的 1.12 倍左右，功率密度为 2.04 倍左右。实验采用基于电位的充放电测试，由简化计算公式可知，理想状态下，电位提升为 2 倍时，比电容维持不变；能量密度为 4 倍时，功率密度增加为 2 倍。由于再生纤维素驱动膜内部孔隙结构、运动导电离子排布的不规则性，以及测试过程中发生的电化学反应，结果有偏差。结合上面的分析，对比不同电流密度下各参数结果，随着电流密度增大，比电容、能量密度都有所减小，功率密度增加，与前面结果符合。从图 3-24（a）～（c）可知，再生纤维素驱动膜组合的驱动器具有广泛的适应、扩展、可调节能力，后续将会做进一步探究说明。

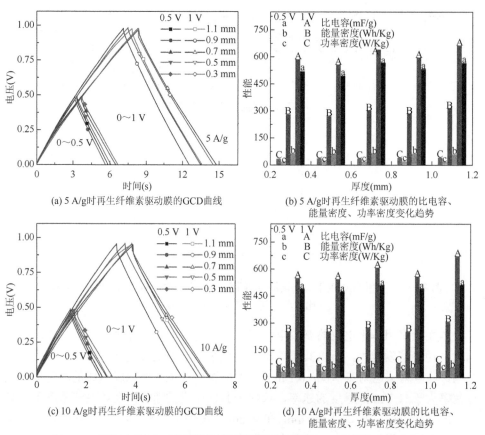

图 3-24　不同电位下、不同厚度再生纤维素驱动膜的 GCD 曲线、比电容、能量密度、功率密度变化趋势

2. 孔隙率分析

孔隙率的计算方法同式（3-1），此处不再赘述。纤维素驱动膜的成型过程是一个溶解、再生的过程。在本实验中，控制驱动液的量，使其与凝固剂之间相互扩散速度不同，从而形成不同厚度的再生纤维素驱动膜，进而造成驱动器各方面性能的差异。通过称重法测得不同厚度再生纤维素驱动膜的孔隙率（表 3-12），并以此做出变化趋势图（图 3-25）。

表 3-12　不同厚度再生纤维素驱动膜的孔隙率值

厚度（mm）	序号					均值
	1	2	3	4	5	
0.3	92.95%	93.13%	93.26%	91.89%	93.43%	93.19%
0.5	91.13%	91.43%	92.78%	91.01%	90.91%	91.45%
0.7	90.74%	89.14%	89.37%	88.79%	90.03%	89.61%
0.9	87.09%	87.31%	86.77%	86.85%	87.59%	87.12%
1.1	86.61%	86.06%	87.55%	85.08%	86.48%	86.35%

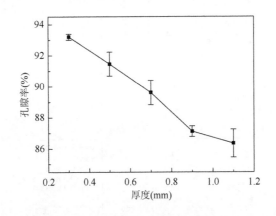

图 3-25　不同厚度再生纤维素驱动膜的孔隙率

通过表 3-12、图 3-25 可知，再生纤维素驱动膜的孔隙率随着厚度的增加而逐渐减小（具体表现为，0.3～0.7 mm 呈现出线性关系，0.7～0.9 mm 发生突变，0.9～1.1 mm 逐渐平缓接近）。本实验凝固剂采用去离子水，不同厚度的再生纤维素驱动膜含水率、保水率不同，最终造成上述变化趋势。

孔隙率对驱动器影响表现为两个方面。一方面，驱动器偏转效果与运动、导电离子的数量、速率有关。其中再生纤维素驱动膜孔隙率作为离子导通通道，过大或过小都会不利于内部离子的运动，进而影响驱动效果。另一方面，孔隙率过大或过小，都会造成膜层力学性能变差，使输出力和位移不佳。结合上述实验结果，最佳驱动膜厚度应控制在 0.7 mm 左右，后面将会进一步探究其电机械性能。

3. 拉伸实验分析

利用拉伸速度 5 mm/min 的电子力学万能试验机 AG-A10T 对制备后的再生纤维素驱动膜（长度×宽度 = 40 mm×10 mm）进行拉伸实验。为减小实验误差，每个因素测试五组求取平均值，并标出对应的偏差值。图 3-26（a）～（e）分别是驱动膜的拉伸强度、弹性模量、断裂伸长率、应力-应变曲线、拉伸样件图。

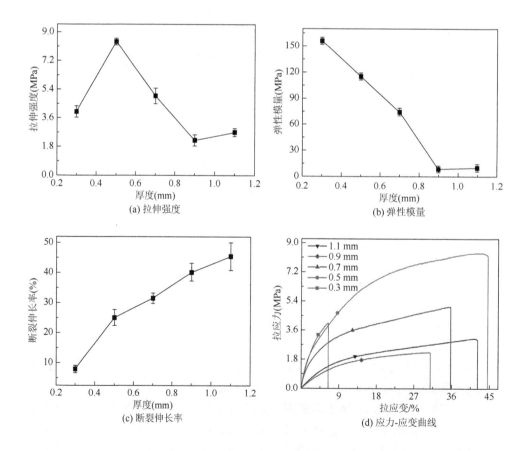

(a) 拉伸强度

(b) 弹性模量

(c) 断裂伸长率

(d) 应力-应变曲线

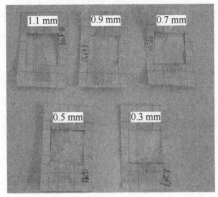

(e) 拉伸样件

图 3-26　不同厚度再生纤维素驱动膜的拉伸实验

从图 3-26 可以发现，当膜层厚度为 0.9～1.1 mm 时，其具有良好的拉伸延展性，但拉伸强度、弹性模量远低于其他厚度的弹性模量。当膜层厚度低于 0.5 mm 时，其弹性、伸缩性极差，但拉伸强度、弹性模量大于 0.9～1.1 mm 厚度的弹性模量。当膜层厚度为 0.5～0.7 mm 时，其优异的柔韧性对应最佳的拉伸强度。结合比电容测试结果以及孔隙率的大小关系可知：再生纤维素驱动膜厚度大于 0.7 mm 时，其延展性良好，表面和内部比表面积较大，致使比电容较大，但其较小的孔隙率以及过多堆积的运动导电离子，致使离子通透性差，同时受自身质量的影响，其偏转位移、输出力较小；厚度小于 0.5 mm 时，其较好的孔隙结构致使离子通透性良好，比电容较大，但由于其比表面积较小，内部容纳及通过离子数量有限，其偏转位移、输出力同样较小。因而 0.5～0.7 mm 厚度的再生纤维素电驱动器具有相对较为优异的电机械性能，最优厚度后面将会进一步探究说明。

4. 电机械性能对比分析

图 3-27 (a) 为不同厚度再生纤维素驱动膜在 ±2.7 V、0.05 Hz 正弦波输入电压下的偏转位移，图 3-27 (b) 为不同厚度再生纤维素驱动膜在不同频率下的偏转位移。由图可知，偏转位移与厚度呈现出逆向关系，1.1 mm、0.9 mm 厚度再生纤维素驱动膜组成的驱动器偏转位移远小于其他。由于样件厚度不同，即使同周期下，各样件发生一定的偏移。

图 3-27 (c) 是不同厚度再生纤维素驱动膜组成的驱动器在 5 V 直流电压下偏转位移过程图。由图可知，测试前 55 s，厚度越小，响应速度越快，与 EIS 测试中较小的等效电阻 R_e、电荷传递电阻 R_{ct} 相对应；通电至 65 s，由于良好的力学性能，0.3 mm 厚度再生纤维素驱动膜组成的驱动器仍具有较佳的位移；继续通电，

此时受内部容纳电荷量影响（电化学测试中相对较大的双电层电容 C_{dl}、离子电导率 σ 以及最大的比电容），0.7 mm 厚度再生纤维素驱动膜组成的驱动器偏转位移最大并直至最后。

图 3-27（d）是不同直流电压下最大偏转位移。由图可知，各电压下，0.7 mm 厚度再生纤维素驱动膜组成的驱动器偏转位移最大；电压低于 1 V 时，各样件偏转位移基本为 0 mm；电压为 2～4 V，偏转位移呈线性上升；5 V 时偏转到最大，电压超过 5 V 时，时间过长，驱动器极易被击穿。

图 3-27（e）是不同厚度再生纤维素驱动膜组成的驱动器在 5 V 直流电压下输出力过程图。由图可知，其具有良好的伸缩延展性以及最优的电化学性能，0.7 mm 厚度再生纤维素驱动膜组成的驱动器输出力最大。

图 3-27（f）是不同直流电压下最大输出力。结合图 3-27（d）和（e）可知，电压为 5 V 时，输出力达到最大，过小（<1 V）时输出力为 0 N，过大（>5 V）时驱动器被击穿。不同条件下，偏转位移和输出力的测试结果表明，0.7 mm 厚度再生纤维素驱动膜组成的驱动器具有最优的电机械性能，与前面电化学测试中最

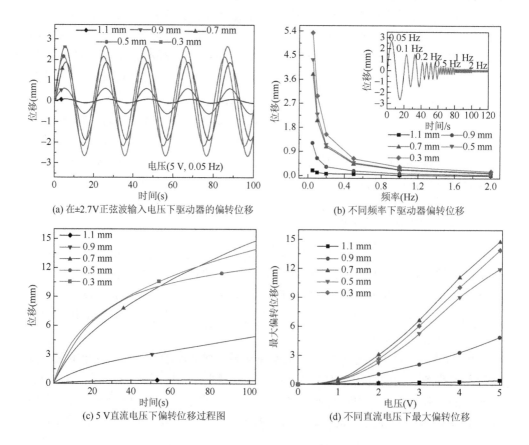

(a) 在±2.7V正弦波输入电压下驱动器的偏转位移

(b) 不同频率下驱动器偏转位移

(c) 5 V直流电压下偏转位移过程图

(d) 不同直流电压下最大偏转位移

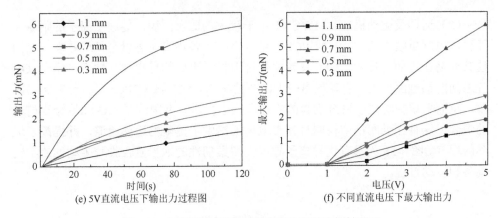

(e) 5V直流电压下输出力过程图   (f) 不同直流电压下最大输出力

图 3-27   不同厚度再生纤维素驱动膜的电机械图形

大的比电容、最快的充放电速率、较优的双电层电容 C_{dl} 以及优异的伸缩延展性、拉伸强度相对应。

3.2.4   多孔导电结构的作用效果研究

由于 Cs（壳聚糖）-MWCNT-GO 的分子间较强的相互作用，它表现出均匀的连接性、高导电性和优异的机械性能，同时在制备过程中可有效地减少团聚。基于 GO/MWCNT 纤维素和聚（Cs/甘油/醋酸）复合电解质形成的水凝胶状纳米生物聚合物驱动器在 MWCNT 和 GO 的不同掺杂率下显示出优异的柔韧性、保水性以及电化学性能。该器件可实现较大的峰值变形位移（最大 4.08 mm）和弯曲力（最大 12 mN），并提供较大比电容（44.6～106.1 F/cm^2）和较快的响应速度（约20 s）、高离子电导率（17.5 μS/cm）、小阻抗（1.136 Ω）和优异的功率密度（0.18～0.25 W/g），优于之前报道的许多基于凝胶的驱动器。

1. 制备工艺与驱动机理

（1）纳米生物聚合物驱动器的制备。将 Cs 粉末加入到 2%醋酸溶液中，将其在 60℃水浴中搅拌以获得均匀溶液。然后，将制备的 MWCNT 和 GO（不同质量比）水溶液加入上述混合物中，并搅拌 30 min。将 12 mL 凝胶状混合物倒入模具中，并在 60℃的烘箱中除去水并制备电极。通过将 MWCNT 和甘油与醋酸一起加入 Cs 溶液中来制备电极混合物，并将混合物在 60℃下搅拌 30 min。之后，电极膜可在 80℃的烘箱中获得以除去溶剂。通过将电极层和电解质层在20 N、50℃热压 20 min 来制造纳米生物聚合物驱动器。驱动器膜的典型厚度为200～250 μm。

（2）运动及驱动机理。MWCNT 由于较大的比表面积，促进了离子的附着和迁移。电解质膜中的 Cs 与 MWCNT 结合良好，各种离子可以平稳地移动，进而使其容易在表面上堆积。GO 具有比传统碳材料更好的导电性。然而，由于 GO 片之间的接触面积大，它表现出较大的范德华力，这导致 GO/Cs 复合材料容易团聚，从而严重影响离子聚合物膜的物理和化学性质，并限制了 GO 和聚合物材料的混合。这种三维网格结构同时为带电离子提供了更多的运动通道，并提高了运动的程度。图 3-28 为具有优异离子导电性和柔韧性的纳米复合凝胶驱动器的实验制备和驱动过程。

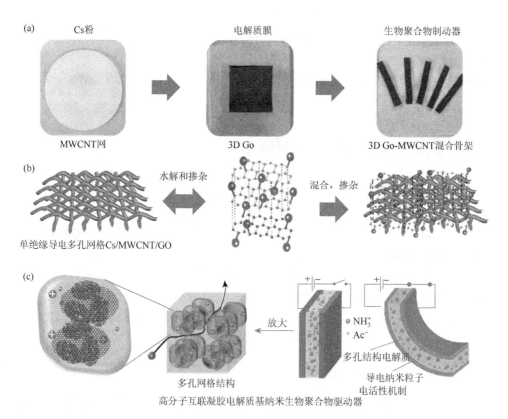

图 3-28　多孔结构的仿生人工肌肉的制备与运动机理示意图

Cs 在分子链上具有大量氨基（—NH_2），可以在醋酸（HAc）的作用下溶解。Cs 分子链上的游离氨基连续地与 H^+ 结合形成阳离子（—NH_3^+）基团。当正电荷排斥时，Cs 分子链被拉伸溶解。当低压激励施加到驱动器的两端时，阴离子（Ac^-）可以自由移动并在正端的界面层中富集。阳离子（—NH_3^+）不能自由移动，因为它附着在 Cs 聚合物链上，因此它们不能移动到负极的界面层。随着阴离子（Ac^-）

在正极端处的界面层的量增加，它们之间的排斥力和范德华力最终导致驱动器朝向负电极弯曲。

孔隙率的计算方法同式（3-1），此处不再赘述。

2. SEM 分析

图 3-29 为不同掺杂条件下的电驱动层断面图。通过图 3-29（a）可以看出，纯壳聚糖驱动膜的表面光滑、紧实致密，不存在大孔隙。图 3-29（b）在液氮冷冻下断裂。从 SEM 图中可以看出，掺杂后，MWCNT 相互交叉，增加了内部孔道并增加了离子转移速率。MWCNT 中复杂孔隙结构的形成增加了内部比表面积并增加了内部比电容，进而影响了电化学性能。MWCNT 形成复杂孔隙结构，增加了材料内部的比表面积。但是，同样 MWCNT 之间存在大量的孔隙，从一定程度上影响电解质层的柔韧性等力学性能。图 3-29（c）是壳聚糖掺杂氧化石墨烯形成的电解质层，可以看出，GO 增加了结构的复杂性，但相对团聚比较严重。在样件中 GO 更多地以团聚形式存在，对材料性能可能有改善，但是没有突出 GO 的优势。图 3-29(d)是 GO 与 MWCNT 共混截面。GO 与壳聚糖以多层包覆在 MWCNT 周围，较大地增大了材料的比表面积。

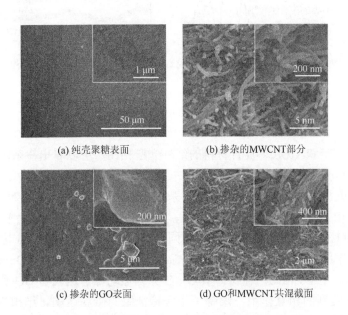

(a) 纯壳聚糖表面　　　　　　　(b) 掺杂的MWCNT部分

(c) 掺杂的GO表面　　　　　　(d) GO和MWCNT共混截面

图 3-29　在不同掺杂条件下电解质膜的 SEM 图像

MWCNT 有效抑制了 GO 的团聚，使其以合适的网状结构分散在材料中。添加了 MWCNT 与 GO 的中间层，形成了包覆块状结构，GO 有效地填补了 MWCNT

之间的孔隙，使中间层的导电特性与力学性质获得改善。放大后可以显著看出
MWCNT 与 GO 的结构。

3. FI-IR 与 XRD 扫描分析

图 3-30（a）是纯 Cs、掺杂有 MWCNT 的 Cs、掺杂有 GO 的 Cs 及掺杂有
MWCNT 和 GO 的 Cs 的 FT-IR 曲线。可以看出，3295 cm^{-1} 和 3180 cm^{-1} 对应—
OH 的伸缩振动峰，而 2920 cm^{-1} 和 2925 cm^{-1} 对应于—CH 的伸缩振动峰。1543 cm^{-1}
对应—NH$_2$ 上的 N—H 的弯曲振动峰，并且 1380 cm^{-1} 对应—CH 的弯曲振动峰。
1471 cm^{-1} 对应 C—O—C 的弯曲振动峰，而 986 cm^{-1}、883 cm^{-1} 和 926 cm^{-1} 对应
C—O 的伸缩振动峰。

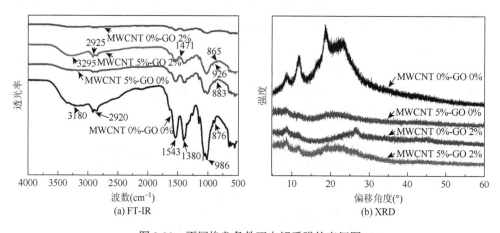

(a) FT-IR　　　　　　　　　　(b) XRD

图 3-30　不同掺杂条件下电解质膜的表征图

　　与掺杂 Cs 和 GO/Cs 复合材料的红外光谱相比，可以看出掺杂 MWCNT 和
GO 的加入降低了 Cs 特征峰的峰值，并且 GO 的影响特别显著。这可能是由于
GO 的结构更密集并且红外吸收更强。掺杂有 MWCNT、GO 和 MWCNT-GO 的电解
质膜的 FT-IR 曲线显示出类似的趋势。没有新峰出现或吸收峰消失，是因为
MWCNT 和 GO 中包含的官能团基本相同。然而，MWCNT 掺杂的电解质膜缺乏
GO 的抑制作用，并且吸收峰的峰值略高。在 1471 cm^{-1} 处的 C—O—C 弯曲振动
峰得到加强。与 Cs 相比，存在许多 C—O 伸缩振动峰。这表明 GO 和 Cs 基质分
子之间存在强烈的相互作用，限制了相应特征组的微观运动。结果表明，FT-IR
曲线的趋势基本相同，峰没有大的偏转。可以推断，由 MWCNT 和 GO 形成的三
维网状结构的官能团是相似的，并且没有产生新的物质。

　　图 3-30（b）是掺杂有不同比例的 MWCNT 和 GO 的 Cs 的 XRD 图。可以看
出，京尼平交联的 Cs 的衍射峰分别为 8.57°、11.58°、18.47° 和 23.63°。掺杂 MWCNT

和 GO 后，峰位置没有明显偏移，但峰面显著减少。这表明 MWCNT/GO 的引入改变了 Cs 的结构，并且降低了结构的强度，这导致样件的结晶度降低，原因是原始膜中的部分结构被破坏了。当掺杂 MWCNT 时，观察到在 26.4° 和 44.9° 处产生不显眼的 MWCNT 的特征峰。与同时掺杂的两种材料的曲线相比，可以看出 MWCNT 主导形成主框架。从曲线可以看出，在两种颗粒掺杂后，MWCNT 和 GO 抑制的两个特征峰 8.57° 和 11.58° 再次出现。同时，曲线的后端趋于平缓，原始峰值几乎消失。新结构的产生是由 GO 和 MWCNT 的掺杂决定的。然而，与独立于 MWCNT 的掺杂相比，掺杂的 GO 降低了部分 Cs 基础结构的性能或产生了新的 Cs 类结构。通常，掺杂 MWCNT/GO 以使内部结构更致密并且化学性质更稳定。综上，随着碳颗粒的掺杂逐渐产生新的晶形。

从以上分析可以看出，MWCNT 和 GO 的掺杂不会导致新物质的产生。由 FT-IR 特征峰位置偏移或 XRD 衍射峰位移可知，掺杂导致电解质膜的内部结构和物理性质的变化，这反过来影响纳米生物聚合物驱动器的机电性能。

4. 孔隙率分析

在相同条件下，MWCNT 和 GO 的掺杂比是影响含水量的主要因素。电解质膜的孔结构充当离子运动路径，并且含水量直接影响带电粒子的运动状态。太大或太小的孔隙率对内部离子的移动都是有害的。含水量也对膜的弹性模量有影响。膜的含水量过高、过于柔软的，刚度较差；而膜的含水量很低的，则柔韧性差。大量的水分子增加了膜的电导率，从而降低了比电容。MWCNT 和 GO 的质量分数直接影响复合结构的形态，进而影响膜的孔隙形成的复合结构。

如图 3-31 所示，当 MWCNT 质量分数相同时，孔隙率随着 GO 掺杂量的增加表现为先增加后减小，并且在 1% GO 时获得最大值。当控制 GO 条件时，孔隙率的变化

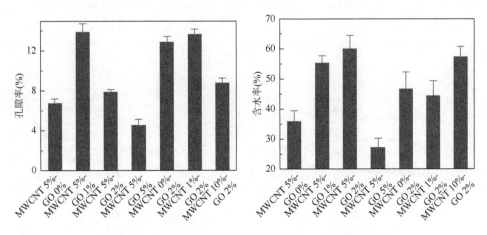

图 3-31　不同掺杂比下电解质层孔隙率、含水率的变化

趋势与前者基本相同，也呈现出先增加后减小的变化趋势。当 MWCNT 质量分数相同时，含水率随着 GO 掺杂量的增加而增加，并且在 2% GO 时获得最大值，然后迅速降低。这是因为在达到一定阈值之前，粒子的掺杂在 Cs 结构中形成新的三维结构。这增加了膜内的比表面积，从而增加了孔隙通道，也增加了储存水量。随着掺杂比的增加，过多的 MWCNT/GO 不能均匀分布在样件中并且聚集阻塞了最初形成的通道。

5. 电化学表征

1）CV 分析

在本测试中，采用的电解液为 1 mol/L 的 LiCl 溶液。实验参数：扫描电压范围设置为 0～1 V；扫描速率设置为 20 mV/s、50 mV/s、100 mV/s、300 mV/s。

图 3-32（a）～（d）是掺杂 2% GO 和不同质量分数的 MWCNT 的电解质膜的电流密度，扫描速率为 20 mV/s、50 mV/s、100 mV/s、300 mV/s。由图 3-32（a）～（d）可以看出曲线具有相似的趋势，并且 CV 曲线是平滑的，没有过渡和模糊。这表明电解质膜均匀分布并具有稳定的电化学性能。计算 CV 曲线的面积以获得

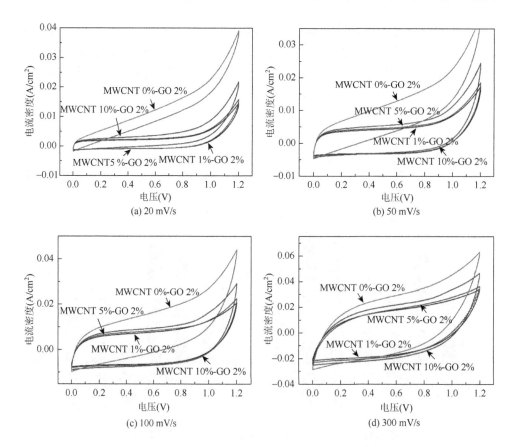

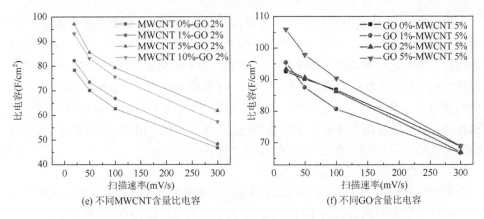

(e) 不同MWCNT含量比电容　　　　　　　(f) 不同GO含量比电容

图 3-32　掺杂不同量 MWCNT 的电解质膜的 CV 和比电容变化曲线

表 3-13 中的对应比电容，并且在图 3-32（e）中绘制变化趋势。可以看出，随着扫描速率的增加，比电容逐渐减小。这是由于离子迁移速度不能随扫描速率的增加而同步增加。四组电解质膜的比电容随扫描速率的增加而降低，下降趋势和幅度基本相同。这表明 MWCNT 表现出稳定的导电性，并且对电解质膜的比电容具有决定性影响。

表 3-13　掺杂不同质量分数 MWCNT-GO 的比电容（F/cm²）

扫描速率 （mV/s）	MWCNT-GO						
	0%-2%	1%-2%	5%-2%	10%-2%	5%-0%	5%-1%	5%-5%
20	78.3	82.2	97.1	93.2	92.6	95.4	106.1
50	70.1	73.5	85.6	83.1	90.2	87.5	97.9
100	62.7	66.8	79.3	75.6	86.8	80.7	90.5
300	46.6	48.2	61.8	57.2	68.8	66.7	68.9

　　具体地，随着 MWCNT 掺杂比增加，比电容先增加后减小。在掺杂过程中，MWCNT 的引入增加了内部比表面积并增加了导电颗粒的数量，这导致比电容增加。随着掺杂浓度增加，MWCNT 逐渐累积，电解质膜的内部渗透性降低。而且粒子运动速率降低，这导致比电容减小。其中，5% MWCNT 和 2% GO 的电解质膜掺杂量具有最大的比电容值。当 GO 质量分数固定时，掺杂比为 5% MWCNT 的电解质膜具有优异的离子传导性能，具体将在后文进行讨论。

　　图 3-32（f）是 MWCNT 的质量固定为 5% 和 GO 的质量分数变化，扫描速率为 20 mV/s、50 mV/s、100 mV/s、300 mV/s 情况下的比电容，并记录在表 3-13 中。可以清楚看出，随着扫描速率增加，比电容总体呈下降趋势。

　　当 MWCNT 质量分数固定时，具有 GO 掺杂比的电解质膜的比电容随着 GO 增加，表现为先降低后增加。在掺杂 GO 之后，发生一定量的交联并且影响离子渗透性，导致比电容降低。随着掺杂比增加，GO 在 MWCNT 的抑制下以适当的网格结构分散，比电容增加。然而，在 5% GO 的掺杂浓度下，电解质膜在 20 mV/s 的扫描速率下具有更高的比电容，是扫描速率 300 mV/s 时的比电容的 1.54 倍。据推测，电解质膜的整体电化学性质不稳定。综合考虑，由 2% GO 电解质膜组成的纳米生物聚合物驱动器表现出相对优异的机电性能。

　　2）GCD 分析

　　采用的电解液为 1 mol/L 的 LiCl 溶液。恒电流充放电采用基于时间的循环，每个循环充放电时间设置为 10 s，电流密度设置为 1 A/g、5 A/g、10 A/g。

　　图 3-33（a）～（c）是固定 GO 质量分数和不同 MWCNT 质量分数的 GCD 曲线。图 3-33（d）是电流密度为 1 A/g、5 A/g、10 A/g 时的电压降。通过观察图 3-33（d），可以看出随着电流密度增加，电解质膜的电压降趋于增加，并且内阻消耗增加。计算电解质膜的比电容并绘制在图 3-33（e）中。随着电流密度的增加，比电容先减小后增大。

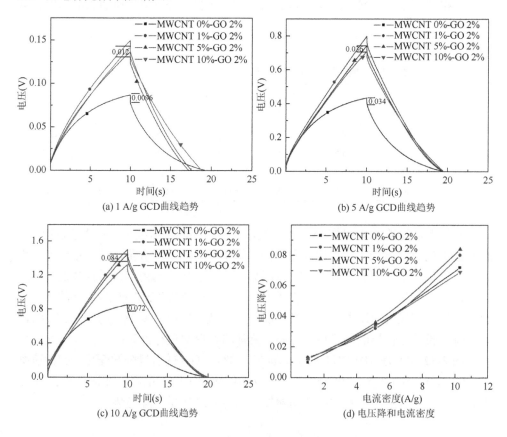

(a) 1 A/g GCD曲线趋势　　(b) 5 A/g GCD曲线趋势

(c) 10 A/g GCD曲线趋势　　(d) 电压降和电流密度

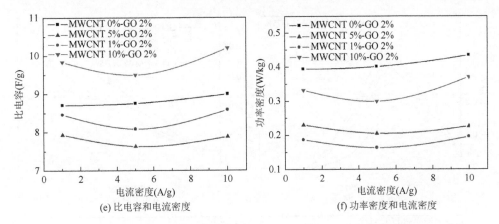

(e) 比电容和电流密度　　　　　　　　(f) 功率密度和电流密度

图 3-33　在不同电流密度下掺杂 MWCNT 和固定质量分数 GO 的电解质膜的 GCD 曲线、
电压降、比电容和功率密度

图 3-34（a）～（c）是固定 MWCNT 质量分数和不同 GO 质量分数的 GCD 曲线，图 3-34（d）是电流密度分别为 1 A/g、5 A/g 和 10 A/g 时的电压降。计算每个电解质膜的比电容并绘制在图 3-34（e）中。可以看出，随着电流密度的增加，比电容呈增加趋势。掺杂 5% MWCNT 和 2% GO 的电解质膜具有最小比电容。推测由 5% MWCNT 和 2% GO 的电解质膜组成的驱动器具有优异的机电性能。

6. 阳离子交换率与离子电导率

离子交换容量（IEC）是聚合物基质中存在的可离子交换基团的指示，是离子电导率的间接和可靠的近似值。

为了制造高性能的离子聚合物驱动器，评估各种离子基团在共混物中的贡献是非常重要的。壳聚糖主要通过 NH_4^+ 与 Ac^- 表现出电活性。实验中使用 1 mol/L 的 NaCl 与材料内的自由粒子交换。

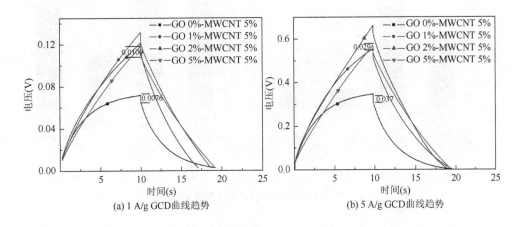

(a) 1 A/g GCD曲线趋势　　　　　　　(b) 5 A/g GCD曲线趋势

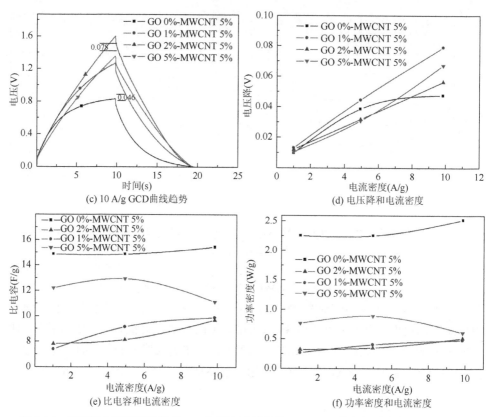

图 3-34　在不同电流密度下掺杂 GO 和固定质量分数 MWCNT 的电解质膜的 GCD 曲线、
电压降、比电容和功率密度

通过图 3-35（a）可以看出，随着 MWCNT 掺杂量上升，离子交换率呈波动

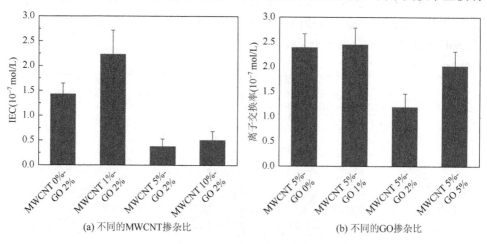

图 3-35　MWCNT 和 GO 不同掺杂比的电解质膜的阳离子交换率

状变化，MWCNT 5%-GO 1%拥有最好的离子交换性。通过图 3-35（b）可以看出，随着 GO 掺杂量上升，材质的离子交换率先增加后降低，峰值位于 MWCNT 5%-GO 1%，与电化学分析最佳峰值点相近。这可能是由于少量的掺杂导致材料中的孔隙太小，比表面积相对较小，离子不能充分运动。但是过量掺杂又使内部结构过于复杂，导致材料内出现大量团聚等因素，这反而阻碍了离子运动。MWCNT 和 GO 的不同掺杂比下电解质膜的阳离子交换率记录在表 3-14 中。

表 3-14　MWCNT 和 GO 的不同掺杂比下电解质膜的阳离子交换率

参数	MWCNT-GO 质量分数						
	0%-2%	1%-2%	10%-2%	5%-0%	5%-1%	5%-2%	5%-5%
pH	6.02	5.93	6.06	5.89	5.60	6.41	6.25
质量（g）	0.399	0.480	0.431	0.451	0.570	0.519	0.562
IEC（mol/L）	2.39×10^{-6}	2.45×10^{-6}	2.02×10^{-6}	1.43×10^{-7}	2.23×10^{-7}	3.75×10^{-8}	5.00×10^{-8}

在该试验中，使用的电解质溶液是 1 mol/L 的 LiCl 溶液。测量 $10^5 \sim 10^{-2}$ Hz 之间的样件的 AC 阻抗谱。

由式（3-6）可以获得离子电导率 σ：

$$\sigma = \frac{L}{R_{ct} \cdot S} \tag{3-6}$$

式中，L 为膜的厚度；S 为测试膜的表面积。通过拟合上述计算过程获得 R_{ct}，C_{dl}。

图 3-36 是在 MWCNT 和 GO 的不同掺杂比下，在 $10^5 \sim 10^{-2}$ Hz 下电解质膜的 EIS 曲线。从 Nyquist 曲线可以看出，在低频范围，曲线是线性的，但是倾向于虚轴。这表明当电解质膜与由两侧的纳米复合电极形成的双层电容器平行时存在漏电阻，这是由于在测试期间由中间膜上的反应引起泄漏电流。

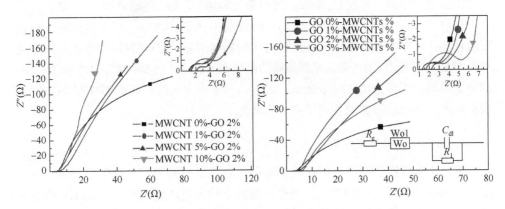

图 3-36　不同掺杂比下电解质膜在 $10^5 \sim 10^{-2}$ Hz 的 EIS 曲线

等效电阻 R_e 可以从高频带导出。等效电阻 R_e 反映了驱动器的内阻和中间电解质溶液的电阻，其是从高频带与实轴的交点获得的并且记录在表 3-15 中。由于 Cs 的主要结构是非导电材料，随着掺杂浓度的增加，每个电解质膜的总厚度逐渐增加，并且 R_e 逐渐变大。然而，当 MWCNT/GO 的掺杂量达到一定阈值时，由于碳纳米颗粒的优异导电性，电解质层朝向导体逐渐变化，并开始减少。通过拟合等效电路获得转移电阻 R_{ct} 和双电层电容 C_{dl}。

表 3-15　具有不同 MWCNT 和 GO 的电解质膜的 EIS 分析参数

参数	MWCNT-GO 质量分数						
	0%-2%	1%-2%	5%-2%	10%-2%	5%-0%	5%-1%	5%-5%
$R_e(\Omega)$	1.136	1.461	2.202	1.307	1.260	1.646	1.663
$R_{ct}(\Omega)$	2.885	3.659	1.506	2.346	1.940	2.024	3.998
$C_{dl}(\mu F/cm^2)$	78.5	33.2	58.8	110	70.2	101	37.7
$\sigma(uS/cm)$	4.09	4.22	17.5	12.7	7.32	10.3	8.13

由转移电阻 R_{ct} 可以看出掺杂有 5%MWCNT 和 2%GO 的电解质膜具有最小的电阻值，并且假设驱动器表现出最佳响应速度。双电层电容 C_{dl} 可以反映内部电荷保持能力。当对电解质膜施加一定电压时，内部颗粒朝特定方向移动并逐渐累积。由于电解质膜的渗透性等因素的影响，从而产生了性能差异。

从表 3-15 可以看出，当 GO 质量分数固定并且 MWCNT 掺杂量增加时，双电层电容 C_{dl} 先降低然后增加。这是由于 MWCNT 在最初掺杂时遇到一定量的堆叠。这影响了离子渗透性，并导致 C_{dl} 减小。浓度增加后，MWCNT 排列趋于规则并且 C_{dl} 增加。当 MWCNT 质量分数固定并且 GO 掺杂量增加时，双电层电容 C_{dl} 首先增加然后减小。这是由于 GO 在 MWCNT 的抑制下以合适的网格结构分散在材料中，内部比表面积增加，导致 C_{dl} 增加。随着浓度的增加，GO 逐渐累积，C_{dl} 减小。

通过式（3-6）计算离子电导率 σ。结合表 3-15 和图 3-36，可以发现随着掺杂浓度增加，σ 先增加后减小。这是因为在初始掺杂后，MWCNT 具有优异的导电性并与 GO 共同起作用，然后电解质膜的电导率增加，并且 5% MWCNT 和 2% GO 的电解质膜达到最大值 17.5 μS/cm。之后，当浓度太大时，内部 GO 和 MWCNT 彼此堆叠，导致渗透性差和离子电导率降低。

7. 电机械性能对比分析

输出力装置用于测量电解质膜的不同掺杂比下的输出力。电压设定为 8 V，测量时间为 100 s。图 3-37（a）是在正弦波下输入电压为 ±2 V、0.05 Hz 的不同掺杂比下由电解质膜组成的驱动器的相应偏转位移。当 MWCNT 质量分数固定时，

GO 掺杂率不同的驱动器增强了响应速度和偏转位移。其中，5% MWCNT 和 5% GO 的驱动器具有最大的峰值偏转位移（3.08 mm），这相当于 EIS 测试中最小的电荷转移电阻 R_{ct}。虽然有固定的 GO 质量分数和电解质膜中 MWCNT 的不同掺杂比例，但纳米生物聚合物驱动器的响应速度和偏转位移很小。由于电解质膜的掺杂比例过大，掺杂 10% MWCNT 和 2% GO 的驱动器的响应速度和偏转位移减小。

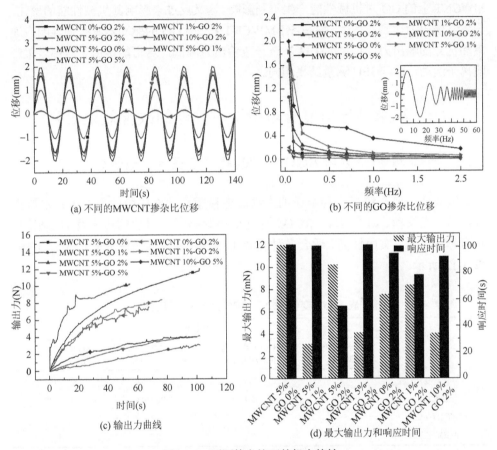

图 3-37　不同掺杂比下的机电特性

　　图 3-37（b）是具有不同掺杂比的电解质膜在±5 V 电压下的驱动器的最大偏转位移。在±5 V、0.25 Hz，可以看出由 5% MWCNT 和 5% GO 组成的驱动器具有优异的响应速度和最大偏转位移。这对应于上述测试中更快的充电/放电速率和最佳充电容量。基于图 3-37（a）和（b）中所示的测试结果，可以看出在电解质膜的内部比表面积中适当的掺杂比增加会使孔结构排列规则化。这有效地改善了驱动器的输出位移和响应速度。然而，过量的掺杂质量分数可能使粒子逐渐积聚在电解质膜的内部，导致颗粒的渗透性降低和拉伸延展性降低，致使机电性能劣化。

图 3-37（c）和（d）是在不同掺杂比下，±5 V DC 下驱动器的输出力曲线、最大输出力和响应时间。可以看出，掺杂质量分数为 5% MWCNT 和 2% GO 的驱动器具有最快的响应速度。驱动器开始的输出性能非常快，并且在 20 s 后趋势减慢。这可能是由于执行器内部的离子交换达到了一定程度。MWCNT 具有良好的机械性能，并且少量的 GO 掺杂因为总量太小不能形成均匀的网格结构。吸附在MWCNT 上的 GO 对机械性能产生不利影响。这又反过来影响其机械性能的变化，导致其输出力达到有效值。掺杂 5% MWCNT 和 2% GO 的驱动器具有最佳响应速度和优异的输出力。过量的 GO 掺杂导致输出力降低，这可能是由于内部聚集影响离子运动，这与 IEC 测量结果相同。

3.3　纳米高导电复合电极层对性能的改善效果研究

3.3.1　不同 MWCNT 与 RGO 掺杂的高导电复合电极研究

本部分主要介绍了一种全新的生物质电极膜，此电极膜的原料为：水溶性纤维素、壳聚糖、MWCNT、RGO。这种电极膜是一种绿色的可降解的电极膜，具有导电性高、实用性高、适合多种复杂工况的特点，具体参数变化如表 3-16、表 3-17 所示。

表 3-16　变化 RGO 比例的复合电极层组成

物质	RGO 比例			
	MWCNT 2.3%-RGO 0%	MWCNT 2.3%-RGO 0.041%	MWCNT 2.3%-RGO 0.11%	MWCNT 2.3%-RGO 0.134%
壳聚糖(g)	0.2	0.2	0.087687	0.16442
纤维素(g)	0.2	0.2	0.084204	0.15778
MWCNT(mL)	3	3	3	3
RGO(mL)	0	0.3	0.7	1

表 3-17　变化 MWCNT 比例的复合电极层组成

物质	MWCNT 比例			
	MWCNT 0%-RGO 0.11%	MWCNT 1.3%-RGO 0.11%	MWCNT 2.3%-RGO 0.11%	MWCNT 3.3%-RGO 0.11%
壳聚糖(g)	0.2	0.2	0.087687	0.16442
纤维素(g)	0.2	0.2	0.084204	0.15778
MWCNT(mL)	0	3	7	10
RGO(mL)	0.7	0.7	0.7	0.7

1. 制备工艺与改善机理

如图 3-38 所示，壳聚糖粉末在醋酸中溶解形成均匀的网格结构，在网格中存在着大量孔洞，加入 RGO 和 MWCNT 加热并搅拌后，大量 MWCNT 包覆在 RGO 上，形成包覆结构，以壳聚糖网格结构作为框架，将其均匀分布在壳聚糖网格结构中。驱动器的制动机理主要与中间层的性能有关，本驱动器使用离子液体溶解的纤维素中间层。离子液体溶解的纤维素膜中，存在着大量游离的阴离子，在通电的情况下，大量阴离子向阳极移动，导致两侧的浓度不同，由于中间层膜中阴离子的浓度积累膨胀以及范德华力的作用，驱动器向阴极偏转。

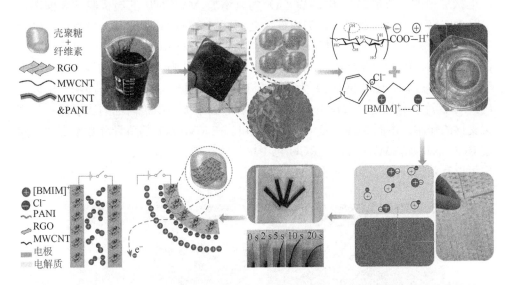

图 3-38　MWCNT 与 RGO 掺杂的高导电复合电极的仿生人工肌肉制备工艺和改善机理

本实验电极膜中 MWCNT、还原氧化石墨烯（RGO）的质量分数是在混合溶液中的质量分数，当电极膜溶液进行搅拌、高温干燥后电极膜中的水分基本被蒸发完全，MWCNT、RGO 的质量会占据电极膜质量的绝大部分，质量分数也有显著提高。

MWCNT 中碳原子以 sp^2 杂化为主并组成弯曲的六角形网格结构，是空间拓扑结构；RGO 是一种由碳原子以 sp^2 杂化轨道组成六角形呈蜂巢晶格的二维碳纳米材料；壳聚糖在醋酸中溶解后形成稳定的网格结构，网格结构中存在着大量孔隙，是一种良好的载体结构。当电极膜溶液进行搅拌时，大量 MWCNT 附着在 RGO 上，形成一种 MWCNT 包覆 RGO 的结构，使导电粒子的表面积大幅度提升，并且有效利用了壳聚糖网格结构中的孔隙，在通电时，孔隙结构既为电子提供了大量流通的通道，在孔隙中的 MWCNT、RGO 结构也大幅提升了电极的导电性能，使得整个驱动器的最大偏转位移以及输出力都有了大幅度的提升。

2. SEM 分析

本实验采用日本电子 JSM-7500F 冷场发射扫描电子显微镜，加速电压为 5 kV，对样件的形貌进行观察。

图 3-39（a）～（g）为不同质量分数 MWCNT 与 RGO 下的电极层断面图。由图 3-39（a）～（f）可知，电极膜的 SEM 断面图只有少数 RGO 片层存在，这是因为大量的 MWCNT 包覆在 RGO 片层上，遮盖住了 RGO 薄片，无法看清 RGO 在电极层中的分布情况。图 3-39（a）为只添加 MWCNT 的电极膜的断面图，MWCNT 疏松地排布在电极膜的内部，之间存在大量的孔隙，从一定程度上影响电极层的柔韧性与导电性。然而，添加了 MWCNT 与 RGO 的电极层，形成了包覆块状结构，RGO 有效地填补了 MWCNT 之间的孔隙，使电极的导电特性与力学性质获得改善。图 3-39（e）为只含有 RGO 的电极层的 SEM 断面图，可以看出，RGO 片层是均匀分布在电极层内部的，起到了提高电极内部的比表面积与框架支撑的作用。由图 3-39（a）～（d）可知，在 MWCNT 的质量分数不变时，随着 RGO 的增加，MWCNT 与 RGO 包覆块状结构增多，MWCNT 包覆 RGO 的结构可以有效提升电极膜内部的比表面积。

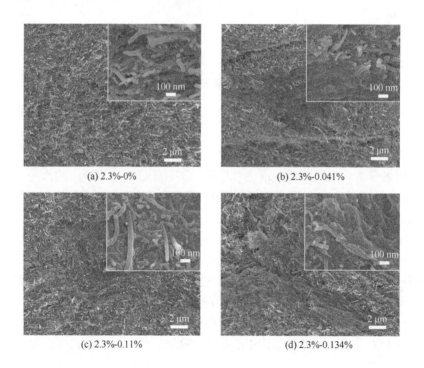

(a) 2.3%-0%

(b) 2.3%-0.041%

(c) 2.3%-0.11%

(d) 2.3%-0.134%

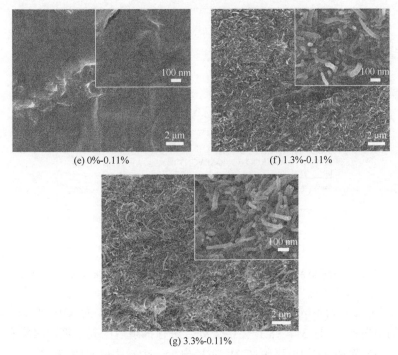

(e) 0%-0.11%　　　　　　　　　　　(f) 1.3%-0.11%

(g) 3.3%-0.11%

图 3-39　不同质量分数的 MWCNT-RGO 的电极膜扫描电镜断面图

3. FT-IR 与 XRD 扫描分析

实验采用荷兰帕纳科 X'Pert3 Powder X 射线衍射仪，设置扫描范围为 5°～55°，扫描速率为 5°/min，对样件的组成和结构进行常规的物相分析。图 3-40（a）中的四条曲线分别是纯壳聚糖薄膜和三种不同 RGO、MWCNT 比例的电极膜的 XRD 图形。

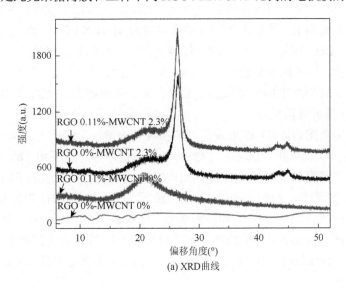

(a) XRD曲线

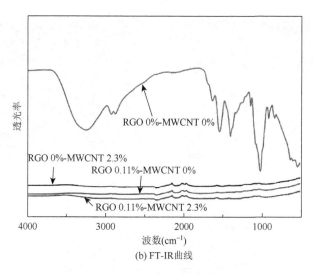

图 3-40　不同 MWCNT 与 RGO 质量分数电极膜的 XRD 曲线与 FT-IR 曲线

图 3-40（a）为不同 MWCNT 与 RGO 质量分数电极膜的 XRD 曲线，纯壳聚糖薄膜的衍射峰在 13.3°、18.1°、19.7°处，进行掺杂后的壳聚糖电极膜有新的衍射峰产生，掺杂 RGO 的电极膜在 21.59°处出现一个较强的吸收峰，掺杂 MWCNT 和掺杂 MWCNT-RGO 的电极膜 XRD 图像趋势基本一致，在 26.5°、43.1°、44.1°处出现新峰，这是 MWCNT 与 RGO 的官能团的加入所产生的新的衍射峰。掺杂 MWCNT-RGO 电极膜的 XRD，由于 RGO 的抑制作用，其衍射峰的峰值略有下降。掺杂 RGO 与掺杂 RGO-MWCNT 的电极膜的 XRD 曲线有完全不同的衍射峰，这是因为电极层中形成了 RGO 包覆 MWCNT 的结构，使内部的结构发生了一定的变化，并且 MWCNT 附着并包裹在 RGO 上，X 射线粒子发射过来后，撞击到 MWCNT 上反射回去，所以表现的官能团多数为 MWCNT 的官能团。相比于纯壳聚糖薄膜的 XRD 图像，掺杂后的电极膜壳聚糖本身的衍射峰消失。壳聚糖提供框架骨骼结构，加入的 MWCNT 与 RGO 的质量分数较大，完全包覆住了壳聚糖，并且 RGO 与 MWCNT 的官能团强度要明显大于壳聚糖上官能团的强度，所以壳聚糖的 XRD 衍射峰消失。

实验采用美国 Nicolet iS50 傅里叶变换红外光谱仪，测试光谱范围为 4000～500 cm^{-1}，主要对 4000～500 cm^{-1} 内的特征峰进行分析，图 3-40（b）中四条线分别是纯壳聚糖薄膜和三种不同 RGO、MWCNT 质量分数电极膜的 FT-IR 图像。

纯壳聚糖膜中，3268.5 cm^{-1} 左右归属于—NH 和—OH 的伸缩振动峰，2876.5 cm 左右归属于—CH$_2$ 的伸缩振动峰，1659 cm^{-1} 和 1031 cm^{-1} 为 C—O 基团的伸缩振动峰，1406 cm^{-1} 和 1328.7 cm^{-1} 对应 C—N 峰，在壳聚糖水凝胶分子中 3253.9 cm^{-1} 左右峰归属于 N—H 和—OH 基团。对比不同质量分数 MWCNT 和 RGO

电极膜与纯壳聚糖薄膜，由于 RGO 的抑制作用，三组掺杂电极膜的吸收峰都明显降低。在 2359.9 cm^{-1} 和 1998.4 cm^{-1} 处出现新峰，是因为添加了 MWCNT 和 RGO。掺杂 MWCNT、RGO、MWCNT-RGO 的电极膜的 FT-IR 图像变化趋势基本一致，无新的峰产生，也没有吸收峰消失，是因为 MWCNT 与 RGO 所含的官能团基本一致；而只掺杂 MWCNT 的电极膜因缺少 RGO 的抑制作用，吸收峰的峰值略高。纯壳聚糖薄膜的 FT-IR 曲线与其余三组电极膜相比，纯壳聚糖薄膜的吸收峰大量消失，并且掺杂 MWCNT 与 RGO 后，电极的吸收峰的峰值降低。在掺杂了 MWCNT 与 RGO 后，RGO、MWCNT 中所含官能团要明显强于壳聚糖所含官能团，所以壳聚糖的吸收峰被掩盖，无法在图中表示出来。MWCNT 为 RGO 形成的三维块状结构，由于两者间的官能团基本一致，在进行红外光谱实验时，内部的物质没有发生化学反应，也没有结构的变化，FT-IR 曲线的趋势基本一致，峰没有发生位置的偏转。

4. 电化学表征

1）CV 分析

采用的电解液为 1 mol/L 的 H$_2$SO$_4$ 溶液。实验参数：扫描电压范围设置为 0.4～0.7 V；扫描速率分别为 5 mV/s、10 mV/s、20 mV/s。

比电容通过式（3-7）进行计算。

$$C = \frac{\int_{E_1}^{E_2} i \mathrm{d}E}{2v\Delta E} \tag{3-7}$$

式中，E_1、E_2 为循环伏安扫描范围的最小和最大电位值；$\Delta E = E_2 - E_1$；v 为扫描速率。计算出的面积比电容见表 3-18、表 3-19。

表 3-18　不同 RGO 质量分数电极层在扫描速率 5～20 mV/s 的面积比电容值（mF/mm^2）

速率（mV/s）	面积比电容值			
	MWCNT 2.3%-RGO 0%	MWCNT 2.3%-RGO 0.041%	MWCNT 2.3%-RGO 0.11%	MWCNT 2.3%-RGO 0.134%
5	0.14266	0.12166	0.087687	0.16442
10	0.13528	0.11605	0.084204	0.15778
20	0.12634	0.10794	0.080194	0.14861

表 3-19　不同 MWCNT 质量分数电极层在扫描速率 5～20 mV/s 的面积比电容（mF/mm^2）

速率（mV/s）	面积比电容值			
	MWCNT 0%-RGO 0.11%	MWCNT 1.3%-RGO 0.11%	MWCNT 2.3%-RGO 0.11%	MWCNT 3.3%-RGO 0.11%
5	0.011077	0.15322	0.087687	0.23422
10	0.0075536	0.078017	0.084204	0.22453
20	0.0052427	0.083738	0.080194	0.20978

如表 3-18 所示，通过 CV 曲线中的图形的面积计算获得电极电容容量的大小。通过对比不同速率样件，可以看出，随着扫描速率的增加，比电容减小。如表 3-19 所示，当 RGO 的质量分数一定时，随着 MWCNT 的质量分数的增加，氧化还原峰的峰值先增加后减小，RGO 0.11%-MWCNT 1.3% 的氧化还原峰最大，电极膜的氧化还原特性最好。

图 3-41 (a) ～ (f) 为不同 MWCNT-RGO 质量分数下电极层的 CV 曲线，当 MWCNT 质量分数一定时，随着 RGO 质量分数的增加，CV 曲线的氧化还原峰的

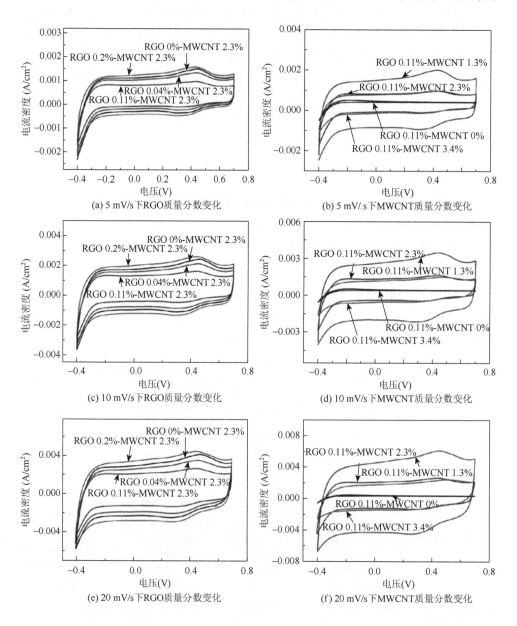

(a) 5 mV/s 下 RGO 质量分数变化　　　　　　(b) 5 mV/s 下 MWCNT 质量分数变化

(c) 10 mV/s 下 RGO 质量分数变化　　　　　(d) 10 mV/s 下 MWCNT 质量分数变化

(e) 20 mV/s 下 RGO 质量分数变化　　　　　(f) 20 mV/s 下 MWCNT 质量分数变化

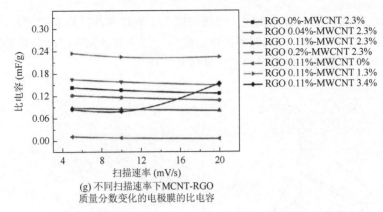

(g) 不同扫描速率下MCNT-RGO
质量分数变化的电极膜的比电容

图 3-41　不同 MWCNT-RGO 质量分数下电极层的 CV 曲线

峰值明显增加，电极膜的电活性明显变强。MWCNT 的质量分数不变时，RGO 的
质量分数增大会引起 CV 曲线氧化还原峰值增加，但随着 RGO 质量分数增加，峰
值的变大趋势变缓，并且当 RGO 的质量分数为 0.11%时，电极膜的氧化还原峰是
相对较低的，故 RGO 与 MWCNT 的质量分数并不是越多越好，而是达到一个稳
定的配比时，才具有最好的电化学电容特性。

2）GCD 分析

采用的电解液为 1 mol/L 的 H_2SO_4 溶液。基于时间的循环采用恒电流充放电
方式，一个循环充放电时间设置为 10 s，电流密度分别设置为 1 A/g、5 A/g、10 A/g。

图 3-42 为不同 MWCNT-RGO 质量分数在电流密度为 1 A/g、5 A/g、10 A/g
下电极层的 GCD 曲线。实验采用基于时间的充放电测试方法，当时间固定时，
比电容越大，电势变化就会越小。RGO 0.11%-MWCNT 1.3%制备的电极膜的比电
容远远高于其他几组电极膜的比电容。掺杂 MWCNT 的电极膜和掺杂 RGO 的电
极膜在电流密度增大时，比电容呈增大趋势，比较适合大电流条件下工作。除去
分别只掺杂 RGO 和 MWCNT 的两种电极膜外，余下的电极膜比电容都是先减小
后增加的趋势，这是因为当施加电极大电流时，活性物质短时间内吸附大量的 H^+，
使活性物质与电解液界面的离子浓度急剧减少，电解液中离子扩散速度不能满足
电极充放电所需的离子数目，造成电极界面处液相扩散引起的极化增大。随着控
制步骤的形成，电极上的电荷响应就会滞后于电压的变化，继而引起大电流充放
电时电极的电容损失。当电流再继续增大时电解液中的水被电解，产生大量的 H^+，
使溶液中的 H^+ 得到补充，故几组电极膜的比电容又有了上升的趋势。对比可知，
在同一电流密度下，通过计算，RGO 0.11%-MWCNT 1.3%制备的电极膜的比电容
要远远高于其余几组，这是因为在掺杂 RGO 与 MWCNT 的电极膜中，都会形成
一种 MWCNT 包覆在 RGO 表层上的结构，使电极内部的比表面积急剧增大。但
是，过多的 RGO 或者过多的 MWCNT 质量分数会使这种结构分布不均匀，造成

电化学活性降低，所以通过在同一电流密度下不同样件的比电容的比较，可以看出 RGO 0.11%-MWCNT 1.3%制备的电极膜中均匀分布着 MWCNT 包覆 RGO 的结构，使结构十分紧密，电极膜的电化学性质较佳。

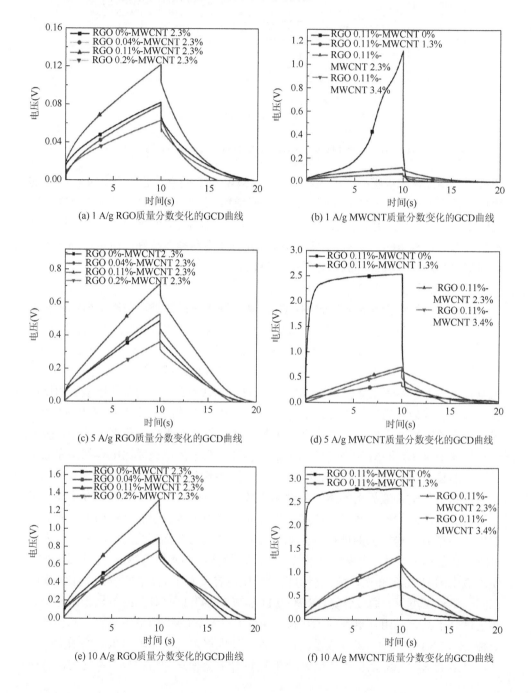

(a) 1 A/g RGO质量分数变化的GCD曲线　　　　(b) 1 A/g MWCNT质量分数变化的GCD曲线

(c) 5 A/g RGO质量分数变化的GCD曲线　　　　(d) 5 A/g MWCNT质量分数变化的GCD曲线

(e) 10 A/g RGO质量分数变化的GCD曲线　　　　(f) 10 A/g MWCNT质量分数变化的GCD曲线

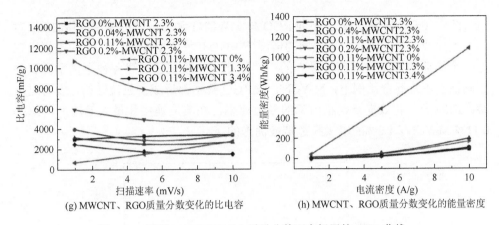

(g) MWCNT、RGO质量分数变化的比电容　　　(h) MWCNT、RGO质量分数变化的能量密度

图 3-42　不同 MWCNT-RGO 质量分数下电极层的 GCD 曲线

根据计算出来的质量比电容 C 值，由式（3-8）可以进一步计算出能量密度 E。

$$E = \frac{1}{2}C(\Delta V)^2 \qquad (3\text{-}8)$$

图 3-42（h）为不同电流密度下的能量密度曲线。分析可知，不同质量分数 MWCNT 和 RGO 一起掺杂的电极膜的能量密度要明显优于只掺杂 RGO 的电极膜，同时能量密度变化趋势接近。

3）EIS 分析

采用电解液为 1 mol/L 的 H_2SO_4 溶液，在三电极电化学体系下测得样件在 $10^5 \sim 10^{-2}$ Hz 之间的交流阻抗谱。图 3-43 是不同 MWCNT、RGO 质量分数制备的电极膜的 EIS 曲线，低频段的斜率表示离子扩散速度的快慢。RGO 0.11%-MWCNT 1.3%制备的电极膜的离子扩散速率远远大于其他比例的电极膜，这说明其内部的结构均匀，孔隙结构规整。同时，不是所有的 MWCNT 与 RGO 都能成为互相包覆的结构，在电极中还有很多游离的 MWCNT 与 RGO。所以，在比例不同时，离子的扩散速度会受到影响，故电极膜中的离子扩散速度并不是随着掺杂比例的增大而增大。高频段中，相比于掺杂 MWCNT 和掺杂 RGO 的电极膜，混合掺杂的电极膜的等效电阻明显小于仅掺杂一种物质的电极膜，这是因为 RGO 与 MWCNT 包覆形成的复合结构有效提高了电极的比表面积，增大了电极内部孔隙结构，使电极的导电特性得到了显著提升。高频段所成圆弧的直径为电荷传递电阻 R_{ct}，RGO 0.11%-MWCNT 1.3%制备的电极膜的 R_{ct} 最小，导电性能最佳。

5. 电机械性能测试

图 3-44 为驱动器的偏转位移曲线。图 3-44（a）为驱动器在固定外界激励下

（±2.7 V，0.05 Hz 正弦波），不同 RGO 与 MWCNT 质量分数的偏转位移曲线。对比 7 条曲线，在电压和频率相同的情况下 RGO 0.11%-MWCNT 1.3%的电极膜在每一个周期的偏转位移都是最大的，实际测试也验证了上述各种电化学测试的正确性。在此混合比例下，MWCNT 与 RGO 基本都形成了包覆结构，没有过多游离的粒子，有效提升电极内部的导电速率。在响应速度和最大偏转上，RGO 0.11%-MWCNT 1.3%的电极膜都是最优秀的。

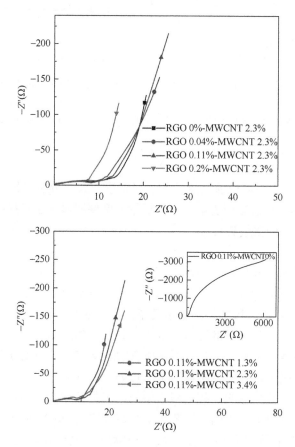

图 3-43　不同 MWCNT、RGO 质量分数的电极膜在 $10^5 \sim 10^{-2}$ Hz 的 EIS 曲线

图 3-44（b）为驱动器在变化频率下，不同 RGO 与 MWCNT 质量分数的偏转位移曲线。在图中可以看出，RGO 0.11%-MWCNT 1.3%的电极膜在不同频率下，单周期内的最大位移都是要大于其余几组电极膜的，单个周期中，时间是一定的，所以在不同频率下，RGO 0.11%-MWCNT 1.3%的电极膜的响应速度也是最快的。响应速度的快慢也反映了电极膜内部构造的合理性，内部结构越整齐，对于电子

的推动力也就越大，电子受到的力越均匀，流通的轨迹也越畅通。电极膜的各项电化学性质也就越优异。

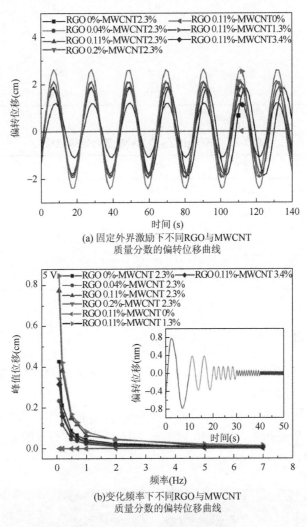

(a) 固定外界激励下不同RGO与MWCNT
质量分数的偏转位移曲线

(b)变化频率下不同RGO与MWCNT
质量分数的偏转位移曲线

图 3-44　驱动器的偏转位移曲线

3.3.2　不同 PANI 掺杂的高导电复合电极研究

此实验在原有的实验基础上添加了一种绿色的导电聚合物 PANI。由于 PANI 在不同质量分数和不同 pH 值的情况下的导电性能不同，所以设计了在不同 pH 值和不同 PANI 质量分数下电极膜的各项性能测试。各组电极膜的参数如表 3-20 与表 3-21 所示。

表 3-20　不同 PANI 质量分数的复合电极组成

物质	0 g PANI	0.02 g PANI	0.08 g PANI	0.1 g PANI
壳聚糖(g)	0.2	0.2	0.2	0.2
纤维素(g)	0.2	0.2	0.2	0.2
MWCNT(mL)	3	3	3	3
RGO(mL)	0.7	0.7	0.7	0.7
PANI(g)	0	0.02	0.08	0.1

表 3-21　不同 pH 值的 PANI 复合电极组成

物质	pH 2.2	pH 2.5	pH 2.92	pH 3.6
壳聚糖(g)	0.2	0.2	0.2	0.2
纤维素(g)	0.2	0.2	0.2	0.2
MWCNT(mL)	3	3	3	3
RGO(mL)	0.7	0.7	0.7	0.7
PANI(g)	0.08	0.08	0.08	0.08

1. SEM 分析

本实验采用日本电子 JSM-7500F 冷场发射扫描电子显微镜,加速电压 5 kV,对样件的形貌进行观察。

图 3-45 为不同 PANI 质量分数的电极膜的 SEM 断面图。其中,图 3-45(a)为不掺杂 PANI 的电极膜,图 3-46(b)~(d)分别为含有 0.02 g、0.08 g 和 0.1 g 的 PANI 电极膜。

(a) 0 g PANI

(b) 0.02 g PANI

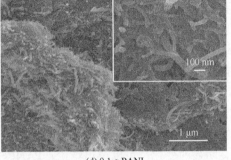

(c) 0.08 g PANI　　　　　　　　　　　　　　　(d) 0.1 g PANI

图 3-45　不同 PANI 质量分数的电极膜 SEM 断面图

观察可知，图 3-45（a）的电极层中含有 RGO-MWCNT 导电粒子，而图 3-45（b）～（d）的电极层中含有掺杂 RGO-MWCNT-PANI 块状结构。图 3-45（b）～（d）中，由于管状纤维 PANI 与 MWCNT 的电镜图像比较相似，在混合后 PANI 纤维分布在 RGO 的表层上，形成 RGO-MWCNT-PANI 立体纤维块。在 PANI 质量分数不断增加且 RGO-MWCNT 最佳配比的条件下，形成的 RGO-MWCNT-PANI 立体纤维块的数量显著增加，RGO-MWCNT-PANI 相互包覆，PANI 在 MWCNT-RGO 的褶皱表面上生长，MWCNT-RGO 既提供了框架结构也提高了电极层内部的比表面积，这种 RGO-MWCNT-PANI 的立体纤维块状结构可有效提高电极膜的导电性能。对比分析可知，0.08 g PANI 质量分数的电极膜内部孔洞结构分布较为均匀，有利于电极层导电性能的提升。

2. FT-IR 与 XRD 扫描分析

1）PANI 质量分数改变

FT-IR 实验采用美国 Nicolet iS50 傅里叶变换红外光谱仪，测试光谱范围为 $4000\sim500~\mathrm{cm}^{-1}$，主要对 $4000\sim500~\mathrm{cm}^{-1}$ 内的特征峰进行分析，$1550~\mathrm{cm}^{-1}$ 附近出现较强的—OH 基团弯曲振动特征吸收峰，可以提供样件当中官能团的信息，进而确定部分乃至全部分子类型及结构。图 3-46（a）中 4 条线分别是 4 种不同 PANI 质量分数电极膜的 FT-IR 图像。

在 0 g PANI 质量分数的 FT-IR 图谱中：$3113~\mathrm{cm}^{-1}$ 处附近出现了 C—OH 和—OH 基团振动特征吸收峰，在 $1520~\mathrm{cm}^{-1}$ 附近出现了—OH 基团的弯曲振动特征吸收峰，在 $1640~\mathrm{cm}^{-1}$ 附近出现了—C=O 基团的伸缩振动特征吸收峰，表明薄膜中存在水分子及丰富的含氧官能团。

对比由三种方法制备的不同质量分数 PANI 复合电极膜与不掺杂 PANI 的电极

膜的 FT-IR 图形，曲线只是在吸收峰的强度和位置上发生了变化，并没有新峰出现，表示没有新的官能团产生。图 3-46（a）中电极膜的 FT-IR 曲线趋势基本一致，这是由于这几种 PANI 质量分数对 FT-IR 的测试结果影响比较弱。因为 RGO 会强烈抑制其他物质的吸收峰值，所以其他物质的吸收峰在此 FT-IR 中表现并不明显。FT-IR 曲线表征样件中含有官能团的种类，对于物质质量分数的多少没有明显的表征，由于 MWCNT、RGO、PANI 所含有的官能团基本一致，所以在图中曲线的趋势基本没有变化，曲线的峰值也没有较大变化。掺杂 PANI 后 FT-IR 曲线没有明显的变化，可以得出结论，PANI 与 MWCNT、RGO 未发生化学反应，以物理附着的方式存在。图 3-46（b）中 4 条曲线的相同位置的特征峰的峰值有部分变化，是因为在进行溶解时，由于 PANI 的质量分数不同，结晶度发生一定的变化，从而导致特征峰的峰值发生一定的变化。

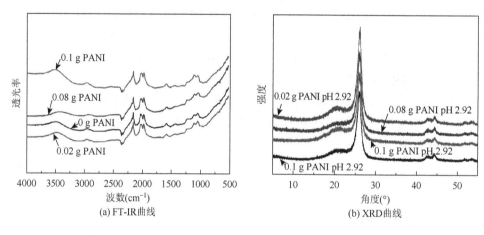

图 3-46　不同质量分数 PANI 电极膜的 FT-IR 曲线与 XRD 曲线

XRD 实验采用荷兰帕纳科 X'Pert3 Powder X 射线衍射仪，设置扫描范围为 5°~55°，扫描速率为 5°/min，对样件的组成和结构进行常规物相分析。图 3-46（b）中 4 条曲线分别是 4 种掺杂了不同 PANI 质量分数的电极膜的 XRD 图像。

对比 4 种不同质量分数的 PANI 的电极膜的 XRD 图像，4 种电极膜的衍射峰在 20.5°、26.1°、42.8°、44.6°、51.7° 和 52.5° 左右。含有 PANI 的图像在 $2\theta = 21°$ 和 26° 处显示两个宽峰，这可以归因于垂直于聚合物链的周期性平行和周期性。与第一种没有 PANI 的电极膜比较，其余几组在 26.1° 处的峰值都有所降低，而在 $2\theta = 26°$ 处的峰值随着 PANI 质量的增加而增强。这表明 PANI 和纳米复合材料的模式之间的区别主要归结于 PANI 和 MWCNT 峰的叠加，而且没有新的高峰出现。因此，没有额外的结晶顺序被引入到纳米复合材料中，并且 MWCNT 对结晶行为的影响不大。对比图中 4 条曲线，由于 MWCNT、RGO 和 PANI 所含有的官能团基本一致，所以图中 4 条曲线的趋势基本相同，只是 PANI 的质量分数不同时，由于官能团的叠加，吸收峰的峰值发生了改变。图中 4 条曲线的吸收峰基本没有发生偏移，只是峰值发生了一定的变化，电极薄膜中各物质的结晶度没有发生过大的变化，表明 PANI 质量分数不同时，氢键的破坏程度有一些不同，所以导致峰值的变化。

通过此 XRD 图像可以看出，在相同峰位，PANI 质量分数为 0.02 g 和 0.08 g 的电极薄膜的峰位尖锐度明显要大于其他两条，表明整体比较来说，0.02 g 和 0.08 g 质量分数的 PANI 薄膜中游离的 PANI 质量分数要高于其他两者。

2）pH 值改变

图 3-47 为在不同浓度的醋酸条件下制备的 PANI、MWCNT、RGO 电极膜，因为 PANI 的导电性会受 pH 值和温度的影响，当 pH>4 时，电导率与 pH 无关，具有绝缘体性质；当 2<pH<4 时，电导率随溶液 pH 值的降低而迅速增加，其表现为半导体特性；当 pH<2 时，呈金属特性，此时掺杂百分率已超过 40%，掺杂产物已具有较好的导电性；此后，pH 值再减小时，掺杂百分率及电导率变化幅度不大。所以，设计此实验来分析电极膜中聚苯胺的最佳工作环境。

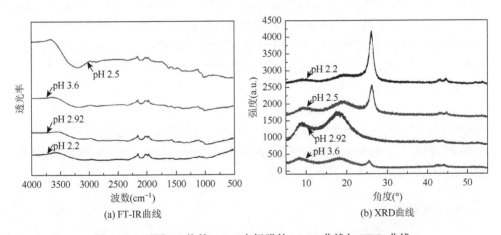

(a) FT-IR曲线　　　　(b) XRD曲线

图 3-47　不同 pH 值的 PANI 电极膜的 FT-IR 曲线与 XRD 曲线

对比在 4 种不同 pH 值的情况下制备的电极膜，在 PANI/壳聚糖/MWCNT/RGO 的质量分数都不变的情况下，对通过不同的醋酸浓度制备的电极膜的 FT-IR 图像进行对比。芳香族 C—H 伸缩振动峰在 914 cm⁻¹ 左右。在 1148 cm⁻¹ 左右出现了—Q=N⁺H=Q—基团的伸缩振动（Q 代表醌型环）吸收峰，在 1530 cm⁻¹ 左右出现了苯环伸缩振动吸收峰。在 1631 cm⁻¹ 处出现了—C=O 基团的伸缩振动特征吸收峰。

图 3-47（a）显示在 pH 值为 2.5 的情况下电极膜红外光谱曲线变化最为剧烈，在 pH 值为 2.2、2.92、3.6 时曲线的趋势基本一致。几组电极层在 FT-IR 下的曲线趋势基本一致，没有新的峰产生，所以证明在不同酸性条件下，电极膜内部的物质没有发生变化也没有发生化学反应，但由于 PANI 的性质，在不同酸性条件下，PANI 会以不同的结晶形式存在，所以 4 条不同 pH 值情况下的含 PANI 电极膜在同一位置的峰的大小不同。

PANI 是具有稳定晶体结构的纳米粒子，PANI 首先在纳米粒子中生成微乳液的水滴，然后吸附在 MWCNT 的表面，所以 MWCNT 对 PANI 的结晶行为影响不大。所以，由图 3-47 可以得出，由于 MWCNT 对于 PANI 的结晶行为影响不大，故在 pH 值不同的情况下，MWCNT 与 RGO 对于 PANI 结晶度的影响不大，引起 PANI 结晶度变化的原因为 pH 值的变化。

分析图 3-47（b），pH 为 2.2、2.5、3.6 的电极膜 XRD 曲线相较于 pH 为 2.92 的电极膜 XRD 曲线 26.1°左右多出一个衍射峰，证明在强酸和弱酸的环境下，PANI 的聚合度和附着度会发生一定变化，形成不同结构的 PANI 团。虽然在 FT-IR 中证明了电极膜中没有发生化学反应，但 PANI 在不同的酸性下会有不同的结晶形式，所以各组样件衍射峰的峰值都有明显的变化，位置也发生略微的变化，在不同的结晶形式下，PANI 的导电性能也会有一定的变化，XRD 衍射峰在 9°处左右，4 种不同 pH 值的电极膜衍射峰有明显的变化，此处对应的是 PANI（001）晶面衍射，证明在 pH 值不同的情况下，PANI 的晶面有明显的变化，PANI 的各项导电性能也有不同的表现。在 XRD 衍射峰 19.2°左右，为 PANI（100）晶面衍射峰，并且 XRD 图像峰值在此处变化也十分明显，同（001）晶面一样，可以看出在不同的 pH 值情况下，PANI 的晶面形态有很大的变化。对比图中 4 组图像，在 26.1°处的峰值随着 pH 值的增大而不断减小，所以在 pH 值发生改变的情况下，PANI 的晶面会发生一定的变化，也验证了 PANI 在 2<pH<4 时，电导率随溶液 pH 值的降低而迅速增加，其表现为半导体特性。

3. 电化学表征

1）CV 分析

（1）PANI 质量分数改变。

采用的电解液为 1 mol/L 的 H_2SO_4 溶液。实验参数：扫描电压范围设置为 0.4～0.7 V，扫描速率设置为 5 mV/s、10 mV/s、20 mV/s。

图 3-48 是由四种不同质量分数的 PANI 制备的电极膜，在 5 mV/s、10 mV/s、20 mV/s 的扫描速率下的 CV 曲线。

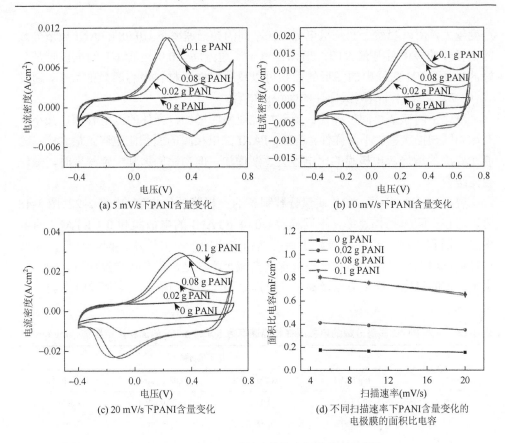

(a) 5 mV/s下PANI含量变化

(b) 10 mV/s下PANI含量变化

(c) 20 mV/s下PANI含量变化

(d) 不同扫描速率下PANI含量变化的
电极膜的面积比电容

图 3-48　不同 PANI 质量分数的电极膜的 CV 曲线

　　从图中可以看出，每个曲线的趋势基本一致，但是峰值有很大的变化，大部分曲线都有明显的氧化还原峰，相比于不含 PANI 的 CV 曲线，含有 PANI 的 CV 曲线氧化还原峰更加明显，在 0.24 V 处附近可以看到明显的 PANI 氧化还原峰。随着 PANI 质量分数的增加，3 种不同质量分数的 PANI 电极膜 CV 曲线的氧化还原峰明显变强，这表明随着 PANI 质量分数的增加，电极膜的电化学活性明显变强，但是当 PANI 质量分数继续增加时，电化学活性有一定的减弱，故 PANI 的质量分数并不是越多越好。这是因为 MWCNT 的数量有限，大量的 PANI 并不能完全附着在 MWCNT 上，导致氧化还原峰有一定降低。将含有 PANI 电极膜的 CV 曲线与不含 PANI 电极膜的 CV 曲线进行对比，可以明显看出，含有 PANI 的电极膜的面积比电容要远远大于不掺杂 PANI 的电极膜，并且在相同的扫描速率下，含 PANI 电极膜的氧化还原峰的数量和峰值都要远远大于不含 PANI 的电极膜，这表明其在电极的可逆性以及电极通电后反应速率上都会有一个明显的提升；电极膜发生氧化还原反应，可以反映出电子转移的快慢，峰值越大，表明电子的转移速度越大，所以观察上面几组电极，在不同的扫描速率下，0.08 g PANI 质量分数的电极膜的峰值总是最大的，所以在电子流通方面，0.08 g PANI 的电极膜是最好的。由于 CV 曲线中的图形的面积可以反映出电极材料电容容量的大小，通过式（3-7）计算出几组测试样件的面积比电容。

对比不同速率，同一样件，随着扫描速率的增加，样件的比电容都在减小，对比相同扫描速率，不同样件，0.08 g PANI 的电极膜的面积比电容是最大的；随着 PANI 的增加，电极膜的比电容会逐渐增加，但当比例达到一定程度时，变化会变缓。

表 3-22 是由不同 PANI 质量分数制备的电极膜的比电容。由表 3-22、图 3-48 可以看出，同一扫描速率，不同样件，0.08 g PANI 的电极膜和 0.1 g PANI 的电极膜的面积比电容都要明显好于另外两组电极膜；不同速率，同一样件，随着扫描速率增加，样件的面积比电容都逐渐减小，这是由于在化学反应过程中，发生了一定的氧化还原反应以及离子迁移速率不能随着扫描速率增加及时增加。

表 3-22　不同 PANI 质量分数的电极层在扫描速率为 5～20 mV/s 的面积比电容值（mF/cm^2）

速率（mV/s）	PANI 质量分数			
	0 g PANI	0.02 g PANI	0.08 g PANI	0.1 g PANI
5	0.17597	0.41152	0.80329	0.8036
10	0.16602	0.38952	0.75494	0.75531
20	0.15322	0.34842	0.66071	0.64494

（2）pH 值改变。

采用的电解液为 1 mol/L 的 H_2SO_4 溶液。实验参数：扫描电压范围设置为 0～1 V；扫描速率设置为 5 mV/s、10 mV/s、20 mV/s。

图 3-49 是由 4 种不同 pH 值的醋酸溶液制备的 PANI、MWCNT、RGO 电极膜在不同扫描速率下的 CV 曲线，随着 pH 值的变化，不同样件的 CV 曲线的氧化还原峰都出现了不同程度的偏移或变化。本实验的 CV 曲线与理想的曲线有一定程度的偏离，是因为电极内阻的存在，以及在测试过程中发生了一定的氧化还原反应。CV 曲线中图形的面积可以反映出电极材料电容容量的大小，氧化还原峰的峰值也可以反映出电子转移的速率。通过对比同一扫描速率下不同样件比电容可以看出，pH 值为 2.92 的电极膜的面积比电容要比其余几组更好，且更加稳定。通过对比同一样件不同扫描速率可以看出，样件的比电容随着扫描速率的增大而减小。由于电极膜内部并不是只含有 PANI，当 pH 值增大时，其余物质并不是在最佳的工作环境下，且承担骨架作用的壳聚糖因为酸性增大而大量水解，导致内

部结构并不是十分均匀，故仅仅 PANI 的导电性增加无法满足整体对导电性的需求。在 5 mV/s 的扫描速率下，pH 值为 3.6 的电极膜的比电容是要略大于 pH 值为 2.92 的电极膜的，但当扫描速率逐渐增大后，此电极的面积比电容以及氧化还原峰的大小都明显下降，稳定性并不是十分优秀，所以综合对比下，pH 2.92 的电极膜为最优秀的。

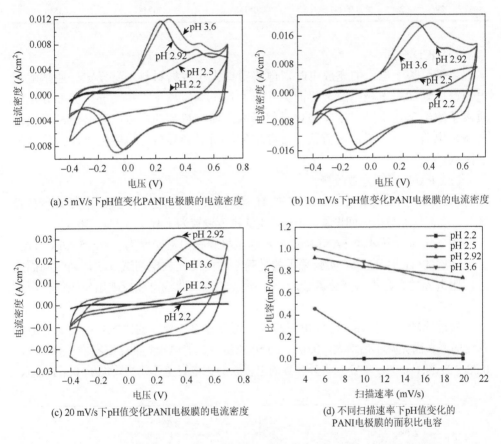

(a) 5 mV/s下pH值变化PANI电极膜的电流密度

(b) 10 mV/s下pH值变化PANI电极膜的电流密度

(c) 20 mV/s下pH值变化PANI电极膜的电流密度

(d) 不同扫描速率下pH值变化的
PANI电极膜的面积比电容

图 3-49　不同 pH 值下 PANI 电极膜的 CV 曲线

表 3-23 是由 4 种不同 pH 值醋酸溶液制备的电极膜的比电容。由表 3-23 可以看出，同一速率的样件 pH 2.92 和 pH 3.6 的两组电极的比电容要明显好于 pH 2.2 和 pH 2.5 的电极。同一样件，不同的速率，样件的比电容随着扫描速率的增大而减小，这是由于在化学过程中，发生了一定的氧化还原反应以及离子迁移速率不能随着扫描速率增加而增加。

表 3-23　不同 pH 值的 PANI 电极膜在扫描速率 5～20 mV/s 的面积比电容值（mF/cm²）

速率（mV/s）	pH 值			
	pH 2.2	pH 2.5	pH 2.92	pH 3.6
5	0.00677	0.4622	0.92584	1.0116
10	0.00427	0.1667	0.84381	0.88741
20	0.00277	0.04148	0.73944	0.63517

2）GCD 分析

当采用基于电位的充放电时，电势窗口大小根据材料本身设定。通常随着电流密度增加，电极电解液界面会吸附大量电解质离子，从而导致界面处电解质离子浓度迅速下降，浓差极化必然增大，而维持高的电流密度必然需要更高的激发电压，但是界面电荷数却没有增加，所以会导致比电容随电流密度增加而降低。

（1）PANI 质量分数改变。

本测试采用的电解液为 1 mol/L 的 H_2SO_4 溶液。恒电流充放电采用基于时间的循环，一个循环充放电时间设置为 10 s，电流密度设置为 1 A/g、5 A/g、10 A/g。

图 3-50 显示了不同 PANI 质量分数的电极膜在电流密度为 1 A/g、5 A/g、10 A/g 下电极层的 GCD 曲线。实验采用的是基于时间的充放电测试方法，当时间固定时，比电容越大，电势变化就会越小，所以 GCD 曲线可以反映出电极材料电容容量的大小。

通过比较同一样件，不同电流密度，可以看出，样件的比电容都是随着电流密度的增大而先减小后增大。0.02 g PANI 质量分数的电极膜的比电容增长趋势大，0.08 g PANI、0.02 g PANI 质量分数的电极膜的比电容整体趋势要优于 0 g PANI、

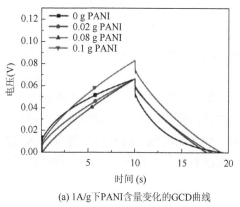

(a) 1A/g下PANI含量变化的GCD曲线

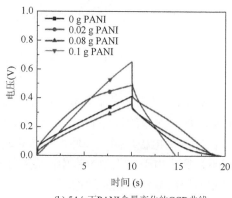

(b) 5A/g下PANI含量变化的GCD曲线

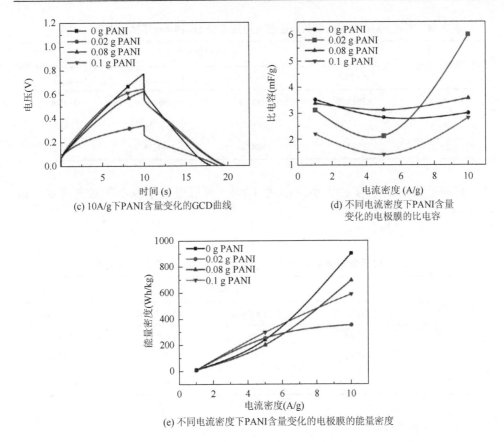

(c) 10A/g下PANI含量变化的GCD曲线

(d) 不同电流密度下PANI含量
变化的电极膜的比电容

(e) 不同电流密度下PANI含量变化的电极膜的能量密度

图 3-50　不同 PANI 质量分数下电极膜的 GCD 曲线、比电容、能量密度

0.1 g PANI 质量分数的电极膜；对比 4 组样件在不同电流密度下的变化趋势，0.08 g PANI 质量分数的电极的比电容变化趋势最为平稳，这是因为 PANI 均匀地附着在 MWCNT 上，形成了十分紧密的结构，在大电流和小电流的工作环境下都有良好的导电性和电容量；0.02 g PANI 质量分数的电极在 10 A/g 时比电容有一个明显的升高，证明此种比例适合在大电流密度下工作，但由于其在其他电流密度下效果并不是很好，所以综合比较，0.08 g PANI 质量分数的电极是最好的。

　　比电容采用式（3-3）计算。表 3-24、图 3-50 是由 4 种不同 PANI 质量分数制备的电极膜的比电容和对应的充放电趋势。随着电流密度增加，可以看出，4 组样件比电容全部随着电流密度的增加而先减小后增大。这是因为基于时间的充放电测试方式，时间固定，比电容越大，电势变化越小，中间下降的趋势是因为电极表面出现氧化情况。

表 3-24　不同 PANI 质量分数的电极膜在电流密度 1～10 A/g 下的比电容（mF/g）

电流密度（A/g）	PANI 质量分数			
	0 g PANI	0.02 g PANI	0.08 g PANI	0.1 g PANI
1	3515.43	3111.19	3367.1	2186.6
5	2819.18	2108.2	3112.36	1396.06
10	2989.93	6004.06	3561.25	2805.07

根据计算的比电容 C 大小，由式（3-4）可以进一步算出能量密度 E，如表 3-25 所示。

表 3-25　不同 PANI 质量分数的电极膜在电流密度 1～10 A/g 下的能量密度（Wh/kg）

电流密度（A/g）	PANI 质量分数			
	0 g PANI	0.02 g PANI	0.08 g PANI	0.1 g PANI
1	7.65	6.78	7.33	7.53
5	238.69	250	198.33	294.92
10	900.23	351.13	693.33	587.11

（2）pH 值改变。

图 3-51（a）、（b）、（c）分别是由 4 种不同 pH 值下 PANI 电极膜在不同电流密度下的 GCD 曲线。实验采用的是基于时间的充放电测试方法，当时间固定时，比电容越大，电势变化就会越小，所以 GCD 曲线可以反映出电极材料电容容量的大小。通过比较同一样件的不同电流密度，可以看出，pH 值为 2.92 和 3.6 的醋酸溶液制备的 PANI 电极膜的比电容都随着电流密度的增大而先减小后增大；pH 值为 2.5 的醋酸溶液制备的 PANI 电极膜的比电容是上升趋势，但是随着电流密度的增加，比电容上升的趋势减缓。从图中可以看出 pH 2.92、3.6 的电极膜的比电容增长趋势最大，pH 2.92、pH 3.6 的电极膜的比电容整体趋势要好于 pH 2.2、2.5 的电极膜。之前提到过 MWCNT 包覆 RGO 的模型，在此基础上掺入 PANI，PANI 又吸附在 MWCNT 上，有效提升了离子通道的利用率，增强了对于离子通道内离子的推动作用，提高了导电性。观察图 3-51（e），随着电流密度的增加，各样件的能量密度、功率密度大多快速增加，且上升趋势相似，这也对应了前面比电容不断增加的现象。

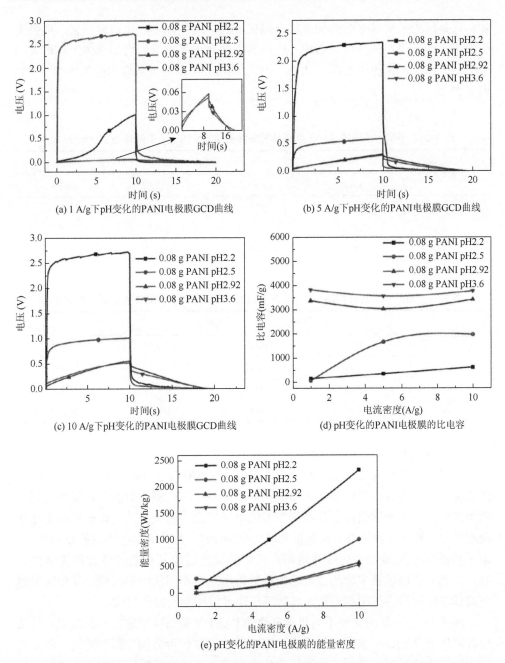

(a) 1 A/g下pH变化的PANI电极膜GCD曲线

(b) 5 A/g下pH变化的PANI电极膜GCD曲线

(c) 10 A/g下pH变化的PANI电极膜GCD曲线

(d) pH变化的PANI电极膜的比电容

(e) pH变化的PANI电极膜的能量密度

图 3-51　不同 pH 值下 PANI 电极膜的 GCD 曲线、比电容、能量密度

　　比电容采用式（3-3）计算。表 3-26、图 3-51 是由四种不同 pH 值的醋酸制备的 PANI 电极膜的比电容和对应的变化趋势。随着电流密度增加，比电容逐渐增

加。这是因为采用基于时间的充放电测试方式，时间固定，比电容越大，电势变化越小，而且通过图像可以看出，比电容是随着电流密度的增加总体上是增大的趋势。根据所计算的比电容 C 大小，由式（3-4）可以进一步算出能量密度 E，如表 3-27 所示。

表 3-26　不同 pH 值的 PANI 电极膜在电流密度 1～10 A/g 下的比电容（mF/g）

电流密度（A/g）	pH 值			
	pH 2.2	pH 2.5	pH 2.92	pH 3.6
1	165.88	73.06	3377.37	3824.19
5	361.54	1677.32	3043.81	3568.57
10	625.86	1973.29	3423.28	3772.1

表 3-27　不同 pH 值的 PANI 电极膜在电流密度 1～10 A/g 下的能量密度（Wh/kg）

电流密度（A/g）	pH 值			
	pH 2.2	pH 2.5	pH 2.92	pH 3.6
1	108.18	272.65	5.76	4.15
5	1003.41	269.91	159.76	137.9
10	2318.59	1008.98	568.05	521.82

3）EIS 分析

采用的电解液为 1 mol/L 的 H_2SO_4 溶液。测得样件在 10^5～10^{-2} Hz 之间的交流阻抗谱。所用的电化学测试体系为三电极体系，三电极体系的工作原理是指在两个回路中，一个回路由工作电极和参比电极组成，用来测试工作电极的电化学反应过程，另一个回路由工作电极和辅助电极组成，起传输电子形成回路的作用。由于界面双电层通过电荷传递电阻充放电的弛豫过程和扩散弛豫过程快慢的差异，在频率范围足够宽时两过程的阻抗谱将出现在不同的频率区间，高频区出现电荷过程控制的特征阻抗半圆，低频区出现扩散控制的特征直线。

图 3-52（a）是由 4 种不同质量分数的 PANI 制备的电极膜的 EIS 曲线。从图中各样件的 Nequist 曲线可以看出：在高频段的曲线走势为半圆形曲线，此处曲线为特征阻抗半圆；低频段处整体趋势为直线，此处为扩散控制的特征直线。从高频段可以推出每个样件的等效电阻 R_{ct}。

图 3-52（b）是由 4 种不同 pH 值醋酸制备的 PANI 电极膜的 EIS 曲线。由高频段与实轴的交点可以推出每个样件的电荷传递电阻 R_{ct}。

根据表 3-28 可以看出，0.08 g PANI 的电极膜的电荷传递电阻是最小的，从该数据可以看出 0.08 g PANI、0.02 g PANI 质量分数的电极膜性能要优于 0 g PANI、0.1 g PANI 质量分数的电极膜。0.08 g PANI 完全附着在了 MWCNT 上，此质量分数的 PANI 有效提高了材料的质子导电性，降低了电荷在电极中运动时的电阻，有效改善了电极的导电性。

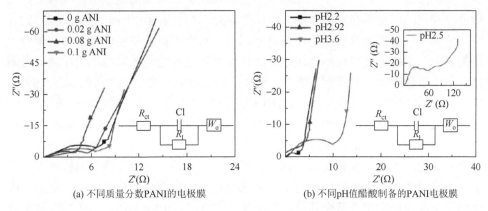

(a) 不同质量分数PANI的电极膜　　(b) 不同pH值醋酸制备的PANI电极膜

图 3-52　电极膜在 $10^5\sim10^{-2}$ Hz 的 EIS 曲线

表 3-28　不同 PANI 质量分数的电极膜在 $10^5\sim10^{-2}$ Hz 下的 R_{ct} 与 C_{dl}

参数	PANI 质量分数			
	0 g PANI	0.02 g PANI	0.08 g PANI	0.1 g PANI
$R_{ct}(\Omega)$	7.635	6.446	3.469	7.599
$C_{dl}(\Omega)$	1.42×10^{-6}	1.35×10^{-6}	1.94×10^{-6}	2.86×10^{-6}

根据表 3-29 可以看出，pH 2.92、pH 2.2 的电极膜电荷传递电阻是比较小的，在阻抗方面，pH 2.92、pH 2.2 的电极膜性能要好于其他两种。综合比较，在 pH2.92 时电极膜的工作状态是最好的。

表 3-29　不同 pH 值的 PANI 电极膜在 $10^5\sim10^{-2}$ Hz 下的 R_{ct} 与 C_{dl}

参数	pH 值			
	pH 2.2	pH 2.5	pH 2.92	pH 3.6
$R_{ct}(\Omega)$	2.941	32.115	6.661	11.635
$C_{dl}(\Omega)$	2.95×10^{-6}	9×10^{-6}	1.3×10^{-6}	2.9×10^{-6}

在 pH 不同的情况下,由于电极是一个整体,并不能只考虑一个物质的一种因素,在一个条件适中的环境下各部分才能更好地工作,所以在 pH2.92 的条件下,电极的电荷传递电阻等一系列指标都是最好的。

4. 电机械性能分析

对比图 3-53(a)~(f),偏转位移好的驱动器在输出力测试上性能较差,偏转位移较差的驱动器在输出力测试上性能较好,这是因为对于同一个驱动器来说,不同的电极层内部所含物质的质量是不同的,对于电极的硬度以及柔韧性都有一定的影响。响应速度较快的电极,质地比较柔软,均匀性比较好,但在输出力测试上由于质量和韧性的原因,输出力较小;反之则输出力较大。从图 3-53(a)~(f)中还可以得出,使用掺杂了 PANI 的电极膜的驱动器在偏转位移、输出力上,相比于未掺杂 PANI 的电极膜的驱动器都有显著提升,也证明了 PANI 确实对于电极上的电子流通有一定的帮助。对比图 3-53(a)~(c),0.08 g PANI、pH 2.92 的电极膜的驱动器在偏转位移上都明显优于其余几组,对驱动器的电机械性能有了一个明显的提升,也侧面证实了上述 XRD、FT-IR 等一系列测试中,此组电极膜的各项性能确实优于其余几组。观察图 3-53(e),0.1 g PANI、pH 2.92 的电极膜的驱动器的输出力最佳,这是因为这种驱动器的电极膜中 PANI 的质量分数较多,电极膜本身的硬度较大、承载能力也较大。观察图 3-53(c)、(f),最大输出位移与时间和电压有很大关系,时间越长,电压越大,最大输出位移越大,在电压从 0 V 到 5 V 变化时,驱动器的最大输出位移增大速率呈先增大后减小的趋势。电极以及电解质层的比电容有限,电极内部的离子通道数量也是有限的,在单位时间内能够通过的最大离子数目也是有限的,所以当电压逐渐增大时,最大输出力虽然呈现不断增大的态势,但增大的速率明显变缓,当电压足够大时,驱动器也能够被击穿导致失效,所以驱动器对于最大电压有一定要求,并且可以看出,在不同电压下 0.08 g PANI、pH 2.92 电极膜的驱动器最大输出位移始终是最大的,也进一步验证了此电极膜的性能。对比图 3-53(d)、(e),最大输出力的增长趋势与最大输出位移的增长趋势基本一致,随着电压与时间增大,最大输出力逐渐增大,当时间增大到一定程度时,输出力基本不发生变化,这是因为达到一定时间后,驱动器内流通的离子数达到稳定值。当电压逐渐增大时,驱动器内部离子数随着电压的增大而增大,在驱动器内部保持稳定的最大离子数也随之增大,所以驱动器的最大输出力会随着电压的增大而增大。由于 0.08 g PANI、pH 2.92 电极膜的驱动器内部材质较少,韧性次于其他驱动器,所以在输出力上,此电极膜的驱动器性能不佳,但相比于不掺杂 PANI 的驱动器性能要明显好很多。

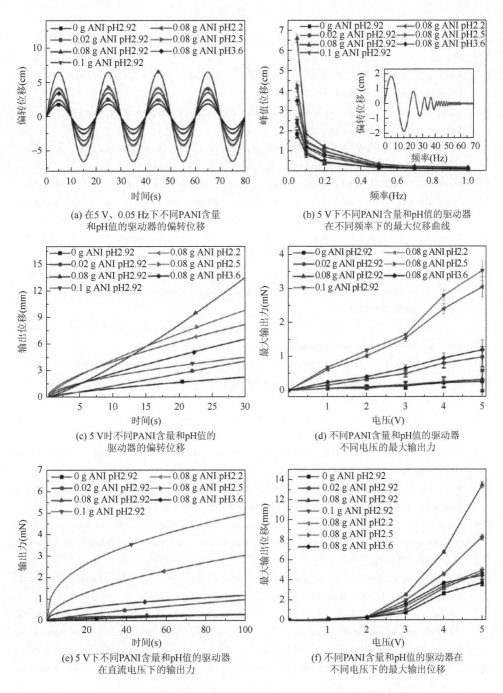

图 3-53　不同 PANI 质量分数和 pH 值的驱动器的电机械实验

参 考 文 献

[1] Kim S J，Kim O，Park M J. True low-power self-locking soft actuators. Advanced Materials，2018，30（12）：1706547.

[2] Acerce M，Akdoğan E K，Chhowalla M. Metallic molybdenum disulfide nanosheet-based electrochemical actuators. Nature，2017，549（7672）：370.

[3] Wu L，de Andrade M J，Saharan L K. Compact and low-cost humanoid hand powered by nylon artificial muscles. Bioinspiration & Biomimetics，2017，12（2）：026004.

[4] Wang F，Jin Z，Zheng S. High-fidelity bioelectronic muscular actuator based on porous carboxylate bacterial cellulose membrane. Sensors and Actuators B：Chemical，2017，250：402-411.

[5] Miriyev A，Stack K，Lipson H. Soft material for soft actuators. Nature Communications，2017，8（1）：596.

[6] Iftikhar F J，Shah A，Baker P G L，et al. Poly（phenazine 2，3-diimino（pyrrole-2-yl））as redox stimulated actuator material for selected organic dyes. Journal of the Electrochemical Society，2017，164（14）：B785-B791.

[7] Zhao G，Sun Z，Wang J. Development of biocompatible polymer actuator consisting of biopolymer chitosan，carbon nanotubes，and an ionic liquid. Polymer Composites，2017，38（8）：1609-1615.

[8] Terasawa N，Asaka K. High-performance polymer actuators based on an iridium oxide and vapor-grown carbon nanofibers combining electrostatic double-layer and faradaic capacitor mechanisms. Sensors and Actuators B：Chemical，2017，240：536-542.

[9] Sun Z，Song W，Zhao G，et al. Chitosan-based polymer gel paper actuators coated with multi-wall carbon nanotubes and MnO$_2$ composite electrode. Cellulose，2017，24（10）：4383-4392.

[10] Aravindan N，Preethi S，Sangaranarayanan M V. Non-enzymatic selective determination of catechol using copper microparticles modified polypyrrole coated glassy carbon electrodes. Journal of The Electrochemical Society，2017，164（6）：B274-B284.

[11] Sun Z，Zhao G，Song W L. Investigation into electromechanical properties of biocompatible chitosan-based ionic actuator. Experimental Mechanics，2018，58（1）：99-109.

[12] Farhan M，Rudolph T，Nöchel U. Extractable free polymer chains enhance actuation performance of crystallizable poly（ε-caprolactone）networks and enable self-healing. Polymers，2018，10（3）：255.

[13] Põldsalu I，Rohtlaid K，Nguyen T M G. Thin ink-jet printed trilayer actuators composed of PEDOT：PSS on interpenetrating polymer networks. Sensors and Actuators B：Chemical，2018，258：1072-1079.

[14] Salmani G M，Ronagi G，CHamsaz M. An optical sensor for determination of low pH values based oncovalent immobilization of Congo red on triacetyl cellulose films viaepichlorohydrin. Sensors and Actuators B：Chemical，2018，254：177-181.

[15] Song W，Yang L，Sun Z. Study on actuation enhancement for ionic-induced IL-cellulose based biocompatible composite actuators by glycerol plasticization treatment method. Cellulose，2018，25（5）：2885-2899.

[16] Casella I G，Gioia D，Rutilo M. A multi-walled carbon nanotubes/cellulose acetate composite electrode（MWCNT/CA）as sensing probe for the amperometric determination of some catecholamines. Sensors and Actuators B：Chemical，2018，255：3533-3540.

[17] Lu C，Yang Y，Wang J. High-performance graphdiyne-based electrochemical actuators. Nature Communications，2018，9（1）：752.

[18] Punning A，Johanson U，Aabloo A. Effect of porosity and tortuosity of electrodes on carbon polymer soft actuators.

Journal of Applied Physics，2018，123（1）：014502.

[19]　Wang D，Lu C，Zhao J. High energy conversion efficiency conducting polymer actuators based on PEDOT：PSS/MWCNTs composite electrode. RSC Advances，2017，7（50）：31264-31271.

[20]　Rasouli H，Naji L，Hosseini M G. Electrochemical and electromechanical behavior of Nafion-based soft actuators with PPy/CB/MWCNT nanocomposite electrodes. RSC Advances，2017，7（6）：3190-3203.

[21]　Zhao G，Sun Z，Wang J. Electrochemical properties of a highly biocompatible chitosan polymer actuator based on a different nanocarbon/ionic liquid electrode. Polymer Composites，2017，38（11）：2395-2401.

[22]　Song D S，Cho H Y，Yoon B R. Air-operating polypyrrole actuators based on poly（vinylidene fluoride）membranes filled with poly（ethylene oxide）electrolytes. Macromolecular Research，2017，25（2）：135-140.

[23]　Khan A，Jain R K，Banerjee P，et al. Soft actuator based on Kraton with GO/Ag/Pani composite electrodes for robotic applications. Materials Research Express，2017，4（11）：115701.

[24]　Raturi P，Singh J P. Sunlight-driven eco-friendly smart curtain based on infrared responsive graphene oxide-polymer photoactuators. Scientific Reports，2018，8（1）：3687.

[25]　Sang W，Zhao L，Tang R. Lectrothermal actuator on graphene bilayer film. Macromolecular Materials and Engineering，2017，302（12）：1700239.

[26]　Shirasu K，Nakamura A，Yamamoto G，et al. Potential use of CNTs for production of zero thermal expansion coefficient composite materials：An experimental evaluation of axial thermal expansion coefficient of CNTs using a combination of thermal expansion and uniaxial tensile tests. Composites Part A：Applied Science and Manufacturing，2017，95：152-160.

第4章 纳米基摩擦纳米发电机性能研究

4.1 基于纤维素的摩擦纳米发电机制备工艺与机理研究

在自然界中，存在着各种各样的能量，其中机械能具有能量密度高、表现形式多样、分布广泛等特点，是能量采集与转换的优先选择。在之前研究当中，已经证明摩擦纳米发电机能够将机械能转换为电能[1-4]，转换效率取决于摩擦效应和静电感应之间的耦合作用程度。此外，摩擦纳米发电机具有输出电压高、体积小、密度小、成本低、安全性好等特点[5-9]，被广泛应用于移动电子设备、传感系统、生物医学领域当中[10-13]，成为当今能源收集与转化的研究热点。

4.1.1 驱动机理

随着研究进一步深入，纳米发电机的种类越来越多，如今发展比较成熟的能量收集装置主要包含压电[14-20]、摩擦[21-29]和电磁[30-32]等类型纳米发电机，能够将收集的能量转化并存储起来，为可移动电子设备进行供电和用作他用。现在随着绿色环保概念的兴起，人们迫切需要开发一种绿色环保可降解的生物型纳米发电机。2016 年，第一个可生物降解的 TENG 由人工合成聚合物聚乳酸-羟基乙酸（PLGA）、3-羟基丁酸酯-3-羟基戊酸酯（PHBV）和聚己内酯（PCL）组成。但是，这些聚合物通常价格昂贵，并且含有一定的有害物质。与这些人工合成聚合物相比，天然生物材料通常具有成本低、分布广、易加工、生物相容性良好、降解性和成膜性良好等特点，适用于 TENG 搭建组成，在生物医学、电子传感等领域具有广泛的应用前景，受到越来越多的关注。

针对上述情况，与先前探究的 TENG 相比，本章提出了一种以天然可降解材料纤维素为基底的绿色环保摩擦纳米发电机。目前众多天然植被与生物中含有丰富的壳聚糖和纤维素，利用纤维素-IL 溶解再生的特性，得到再生纤维素薄膜，作为摩擦层。进行挤压摩擦发电，并测试输出电性能。在此基础上，添加电负性不同的聚酰胺 PA6[$(C_6H_{11}NO)_n$]粉、聚偏氟乙烯（PVDF），以及具有高介电常数和低介电损耗的钛酸钡进行性能优化探究。并对不同类型的摩擦层薄膜进行表征以及电化学性能测试。经整流处理后为电容器供电，测试其 1000 s 内的充放电性能。之后为 MCS-52 单片机进行供电，进而驱动 SFM-27 蜂鸣器和 LCD1602 液晶显示屏。本章提出的摩擦纳米发电机装置具有良好的稳定性和可靠性，能够广泛地应用于能量采集领域，极大地促进了天然生物材料在 TENG 中的应用发展。

　　本章提出的摩擦纳米发电机是利用摩擦材料的接触压电生电、静电感应原理对产生的能量进行测试收集。极板大小为 3 cm×3 cm，外力大小为 10 N，频率为 1 Hz。初始状态如图 4-1（a）所示。在外力 F 的作用下，上下两层摩擦层相互接触、摩擦，两种摩擦层的内表面带上等量异种电荷，如图 4-1（b）所示。

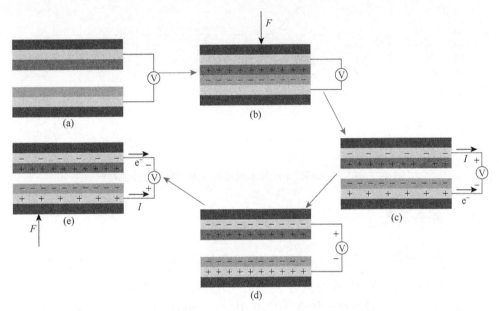

图 4-1　基于可降解再生纤维素膜摩擦纳米发电机工作原理图

　　当力撤除时，上下摩擦层开始分离。在上层纤维素基底摩擦层内部正电荷的电场作用下，上层电极内部正负电荷分布发生变化。正电荷随着导线流向下层电极，负电荷留在上层电极内部。同理，下层电极在下层摩擦层内部负电荷的电场作用下，其负电荷随着导线流入上层电极，内部存留正电荷。因此，在上下两层摩擦层逐渐分离时，电路中产生了电流 I，电流方向如图 4-1（c）所示。

　　当上层电极内部负电荷产生的电场强度与上层摩擦层中正电荷产生的电场强度相等时，便不再有正电荷流出，下层电极也不会有负电荷流出，即此时电路中不会有电流，如图 4-1（d）所示。

　　随着力的再次施加，上下两层摩擦层之间的距离变小，下层摩擦层对上层电极的电场力作用增强，上层电极中的负电荷通过导线流向下层电极。同理，下层电极中的正电荷通过导线流向上层电极。这样，导线中就形成了如图 4-1（e）所示流向的电流。如此接触分离交替循环，电路中产生交替变化的电流。

通过共混掺杂方法制备不同种类再生纤维素摩擦层，与 PTFE 薄膜组装形成 TENG，进行整流处理后，为电容器充电，测试其 1000 s 内的充放电性能。TENG 外接电路后可以为 MCS-52 单片机进行供电，用来驱动 SFM-27 蜂鸣器报警和点亮 LCD1602 液晶显示屏。具体工作流程图如图 4-2 所示。

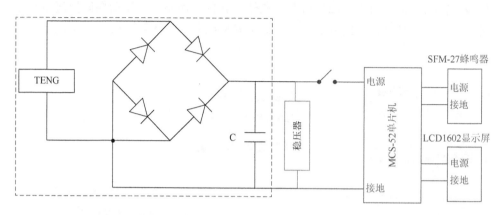

图 4-2　基于可降解再生纤维素膜摩擦纳米发电机工作流程图

4.1.2　制备工艺

1. 实验材料

纤维素（α-纤维素质量分数为 99.5%）购自阿拉丁化学公司（中国上海）。离子液体 1-丁基-3-甲基咪唑氯化物（[BMIM]Cl），购自中国科学院兰州化学物理研究所（中国兰州），分子质量为 174.67 kDa，熔点 70℃。钛酸钡（质量分数不少于 99%），其分子质量为 233.19 kDa。PA6、PVDF 质量分数不少于 99.5%，分子量 825000，购自麦克林公司。一些常用的化学试剂（蒸馏水等）购自永昌试剂有限公司（中国哈尔滨）。

2. 不同种类摩擦层的制备

将 5 g IL 加入烧杯中，然后在 85℃下搅拌 10 min。用分析天平称重 0.5 g α-纤维素加入[BMIM]Cl 中，将混合物低速搅拌 60 min，温度为 85℃。加入一定量的 PA6、PVDF、BaTiO$_3$，低速搅拌 30 min，温度为 85℃，制备不同种类的纤维素基底摩擦层。在室温和湿度 46%下，将制备的各组摩擦层溶液涂覆在一定规格的玻璃板上，静置 1 h。之后，将其置于蒸馏水中 20 min。在玻璃板上取下各摩擦层膜，分别命名为 Cel、Cel + PA6、Cel + PA6 + BaTiO$_3$、Cel + PVDF 和 Cel + PVDF + BaTiO$_3$，静置待用。

　　基于可降解纤维素基底的纳米发电机装置包含 6 层：顶端电极（Al）、纤维素基不同种类摩擦层、PTFE 层、底端电极（Al）、PMMA 层。由于 PMMA 材料具有良好的力学性能，故将其作为上下两层封装层。具体结构如图 4-3 所示，制得的上层摩擦层纤维素薄膜电镜图片如图 4-3 右侧所示，高放大倍数下，可见纤维素薄膜表面布满孔隙结构，便于离子的传输，也有利于后面颗粒状 PA6、PVDF 和 BaTiO$_3$ 的依附。EDS 测试结果中 C、N、O 元素的存在证明了纤维素的主体构成，少量 Cl 元素是由于进行相交换不彻底，最终纤维素薄膜分子式如图 4-3 所示。

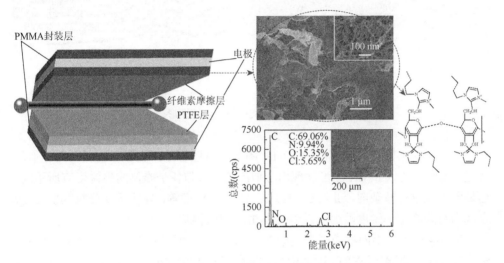

图 4-3　基于可降解再生纤维素膜摩擦纳米发电机结构示意图

4.2　基于纤维素的摩擦纳米发电机性能测试及分析

4.2.1　表征数据分析

1. FT-IR 与 XRD 扫描分析

　　图 4-4（a）为不同种类摩擦层的 FT-IR 扫描图，从图中可以看出：3357 cm^{-1} 左右代表了 O—H、N—H 键的伸缩振动，3153 cm^{-1} 左右代表了不饱和 C—H 键的伸缩振动，2861 cm^{-1} 左右代表了饱和 C—H 键的伸缩振动，1633 cm^{-1} 代表了 C=C、C=N 键的伸缩振动，1563 cm^{-1} 左右代表了 —C=O 键的伸缩振动，1378 cm^{-1} 左右代表了 —CH$_2$ 键的伸缩振动，1256 cm^{-1} 左右代表了 C—N、C—F 键的伸缩振动，1166 cm^{-1} 左右代表了 C—O—C 键的不对称伸缩振动，1063 cm^{-1}

左右代表了C—H键的弯曲振动,1024 cm^{-1}左右代表了C—C键的骨架振动,800~1000 cm^{-1}之间主要是C$_1$基团组的振动峰。

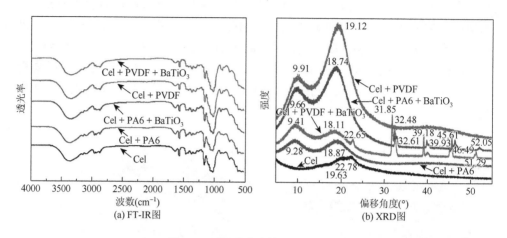

(a) FT-IR图   (b) XRD图

图4-4　不同种类摩擦层表征图形

通过对比不同种类摩擦层的 FT-IR 图形,可以看出:由于各物质具有相似的官能团峰位,所以 FT-IR 图形表现出相似趋势,只是各个峰位的尖锐度有所不同,这是因为在进行掺杂前,引入 C—H、C—F、N—H 键等,导致质量分数发生变化,表现为对应峰位尖锐度改变以及峰位发生一定的偏移。

图 4-4(b)为不同种类摩擦层的 XRD 扫描图,可以看出:添加 PA6、PVDF、BaTiO$_3$ 后,各摩擦层 XRD 图形中衍射峰位角度发生改变。具体来说:经过溶解再生后,纯净纤维素摩擦层在 19.63°、22.78°位置出现衍射峰位,是典型的纤维素Ⅱ型。加入 PA6 和 PVDF 后,分别在 9.28°和 9.91°位置出现新的衍射峰位。加入 BaTiO$_3$ 后,在 32.61°、39.93°、46.49°、52.05°位置左右出现新的衍射峰位。此外,衍射峰尖锐度、峰宽发生改变,是由于加入新物质后,摩擦层结晶度增加,表现为衍射峰强度增加。各摩擦层衍射峰位发生了左右偏移。各掺杂物在搅拌过程中发生溶解以及相交换时离子发生取代,导致分子间以及氢键作用力发生改变,晶格尺寸发生改变,衍射峰表现为左右偏移。

加入不同物质后,由 XRD 衍射峰尖锐度改变、峰位偏移及新的峰位出现可知摩擦层的内部结构与物理属性发生变化,将进而影响发电机的输出性能。后面将对此变化做进一步分析。

2. CV 分析与分析

通过式(4-1)进行计算。

$$C = \frac{1}{2 \cdot m \cdot s \cdot \Delta V} \int_{V_0}^{V_0 + \Delta V} I dV \qquad (4\text{-}1)$$

式中，m 为电极上活性物质的质量；s 为电压扫描速率；ΔV 为整个循环过程中电势降；V_0 为循环过程中最低电压。

图 4-5（a）～（h）分别是不同种类摩擦层在扫描速率 20～500 mV/s 下的 CV 曲线。通过各 CV 曲线可以看到，当扫描速率低于 200 mV/s 时，各摩擦层具有明显的氧化还原峰，其中添加 PA6 的摩擦层最为明显，加入 PVDF、$BaTiO_3$，对氧化还原峰有一定的抑制作用。通过计算得到各样件的 $I_{pc}/I_{pa} \approx 1$，说明整个循环过程接近稳定，但由于各摩擦层内阻的存在，产生微量的漏电流，导致与理想状态有微量偏差。同时光滑无虚化的 CV 曲线同样表明各摩擦层具有良好的电化学稳定性。随着扫描速率提升，氧化还原峰逐渐发生偏移直至消失，这是由于扫描速率过快，各样件的物质来不及反应。扫描速率越大，各样件越偏离平衡态，过电位增加，电位正的越正，负的越负，直至消失。

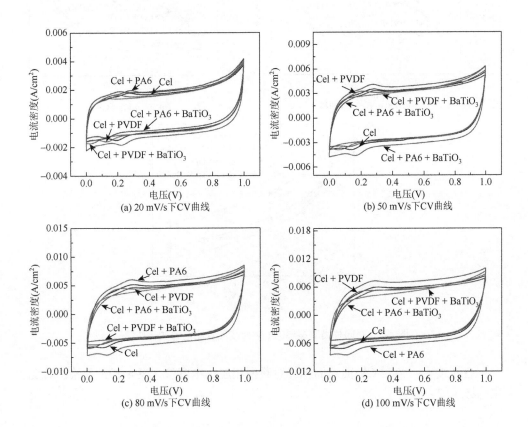

(a) 20 mV/s 下 CV 曲线　　　　　(b) 50 mV/s 下 CV 曲线

(c) 80 mV/s 下 CV 曲线　　　　　(d) 100 mV/s 下 CV 曲线

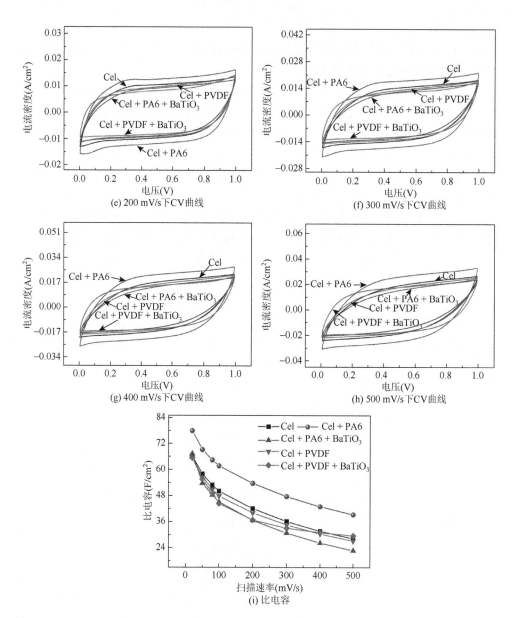

图 4-5　不同种类摩擦层的 CV 曲线图及比电容变化曲线

通过式（4-1）对 CV 曲线面积计算获得相应比电容值（表 4-1），并绘出其变化趋势［图 4-5（i）］。

表 4-1　不同扫描速率下不同种类摩擦层的比电容值（mF/cm²）

扫描速率（mV/s）	试剂				
	Cel	Cel + PA6	Cel + PA6 + BaTiO₃	Cel + PVDF	Cel + PVDF + BaTiO₃
20	66.225	77.896	67.252	65.509	65.293
50	57.928	69.077	53.678	56.498	55.491
80	52.807	64.34	48.245	50.942	49.077
100	50.057	61.642	45.053	47.768	44.318
200	42.004	53.631	36.545	39.974	36.716
300	36.112	47.611	30.721	34.529	32.986
400	31.625	42.921	26.148	30.301	30.953
500	28.156	39.212	22.654	27.078	29.488

由图 4-5（i）及表 4-1 可知，加入 PA6、PVDF、BaTiO₃ 后，摩擦层的比电容发生极大改变。具体来说，加入 PA6 后，摩擦层的比电容极大增加。20 mV/s 扫描速率下，比电容从 66.225 mF/cm² 提升至 77.896 mF/cm²，提升 17.62%。500 mV/s 扫描速率下，比电容从 28.156 mF/cm² 提升至 39.212 mF/cm²，提升 39.27%。随着扫描速率提升，由于各摩擦层发生了一定的氧化还原反应以及内部离子迁移速率不能随着扫描速率增加及时增加，各摩擦比电容值均呈现下降趋势。在此基础上，加入 BaTiO₃ 后，摩擦层的比电容快速减小，20 mV/s 扫描速率下，比电容从 77.896 mF/cm² 减小至 67.252 mF/cm²，降低为原来的 86.3%。500 mV/s 扫描速率下，比电容从 39.212 mF/cm² 减小至 22.654 mF/cm²，降低为原来的 57.8%。加入 PVDF 后，摩擦层的比电容有所减小。在 20 mV/s 扫描速率下，比电容从 66.225 mF/cm² 减小至 65.509 mF/cm²，降低为原来的 98.9%。500 mV/s 扫描速率下，比电容从 28.156 mF/cm² 减小至 27.078 mF/cm²，降低为原来的 96.17%。在此基础上，加入 BaTiO₃ 后，低扫描速率下，摩擦层的比电容减小，20 mV/s 扫描速率下，比电容从 65.509 mF/cm² 减小至 65.293 mF/cm²，降低为原来的 99.67%。500 mV/s 扫描速率下，比电容从 27.078 mF/cm² 提升至 29.488 mF/cm²，提升 8.90%。

由于摩擦层比电容与其内部电荷容纳数量及离子通透性有关，加入 PA6 后，摩擦层内部比表面积增大，电荷容纳数量增多，比电容增大。加入 PVDF、BaTiO₃ 后发生堆积，致使离子通透性变差，比电容减小。

3. EIS 测试与分析

图 4-6 为不同种类摩擦层在 $10^5 \sim 10^{-2}$ Hz 下的 EIS 曲线，结合测试体系，拟合出其等效电路。EIS 图形曲线大致分为高、中、低三个段区，三个段区与等效电路中 R_e、W_0、R_1、C_{dl} 等参数均互相关联。从图形中可以看出，高频段半圆弧

显著，表明各摩擦层具有稳定良好的电化学特性，由于物质不同，圆弧大小各不同。通过高频圆弧区与实轴左侧交点得到等效电阻 R_e，R_e 反映了摩擦层整体内阻大小，其他条件不变时，加入 PA6、PVDF、BaTiO$_3$ 后，摩擦层厚度增加，R_e 呈增加趋势。中频段理想为一小段 45°的线段，表示离子扩散进入摩擦层孔隙结构的过程，由于出现 Warburg 阻抗区，斜率改变有所不同。通过图 4-6 中 EIS 曲线斜率不同可知各摩擦层体系电荷传递难易程度不同，其中 Cel 摩擦层 EIS 曲线斜率较小，表明其具有较大的阻抗电荷传递能力，加入 PA6、PVDF、BaTiO$_3$ 后的摩擦层 EIS 曲线斜率有所上升，表明其具有较小的阻抗值。W_0 表示扩散阻抗，结合高频、低频两段，得到整体传递阻抗值 R_{ct}。电荷传递电阻 R_{ct} 反映电荷（电子和离子）转移进入到摩擦层的难易程度，其大小可由高频段直径获得，传递难易程度与大小呈逆关系，直径越小，传递电阻越小，这与测试线段的中频段有一定联系。理想低频段为平行于纵轴直线，但在测试过程中，由于电流不断冲击，驱动器内会存在一定漏电阻 R_1，但由于较小，通常忽略不计，此外，整体曲线斜率可以反映整个过程离子扩散速度的快慢，曲线斜率可以反映电荷传递效率，通过公式计算可得到电导率 σ。下面结合公式计算得到具体数据，对各参数进行分析说明。

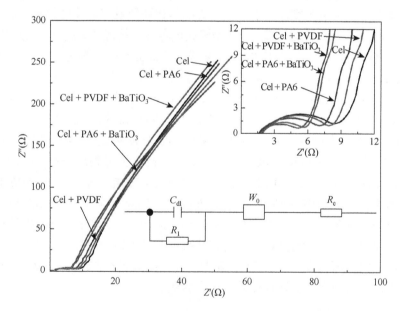

图 4-6　不同种类摩擦层在 $10^5 \sim 10^{-2}$ Hz 的 EIS 曲线

通过式（4-2）、式（4-3）可以得到双电层电容 C_{dl}、离子电导率 σ。

$$C_{dl} = \frac{1}{\omega \cdot R_{ct}} \tag{4-2}$$

$$\sigma = \frac{L}{R_{ct} \cdot S} \tag{4-3}$$

式中，ω 为圆弧最高点角频率；L 为样件厚度；S 为摩擦层样件的表面积。计算得到等效电阻 R_e、电荷传递电阻 R_{ct}、双电层电容 C_{dl}、离子电导率 σ（表 4-2）。

表 4-2　不同种类摩擦层的参数

EIS 参数	试剂				
	Cel	Cel + PA6	Cel + PA6 + BaTiO₃	Cel + PVDF	Cel + PVDF + BaTiO₃
$R_e(\Omega)$	1.455	1.553	1.571	1.922	1.731
$R_{ct}(\Omega)$	7.194	3.876	5.986	6.794	4.324
$C_{dl}(mF)$	0.439	0.453	0.572	0.504	0.792
$\sigma(mS/cm)$	3.029	10.423	7.947	8.613	14.738

双电层电容 C_{dl} 反映内部电荷容纳能力，由表 4-2 可知，加入 PA6、PVDF，其值增大。在此基础上加入 $BaTiO_3$ 后，C_{dl} 值进一步增大。离子电导率 σ 通过式（4-3）计算获得，结合表 4-2 可以发现，加入 PA6、PVDF、$BaTiO_3$ 后，σ 值呈现增加趋势。加入 PA6、PVDF、$BaTiO_3$ 后，C_{dl}、σ 逐渐增大，这表明摩擦层内部电荷容纳能力以及电荷传递速率提升，结合原理可推测组装后 TENG 电输出性能增加，这将在后续测试中进一步进行验证。

4.2.2　电化学性能分析

1. GCD 测试与分析

使用式（4-4）、式（4-5）可以得到比电容 C、能量密度 E。

$$C = \frac{I \cdot \Delta t}{m \cdot \Delta V} \tag{4-4}$$

$$E = \frac{1}{2} \cdot C \cdot (\Delta V)^2 \tag{4-5}$$

式中，m 为电极上活性物质的质量；I 为充电电流大小；ΔV 为充电电势差；Δt 为充电时间。

图 4-7（a）～（c）分别为不同种类摩擦层在不同电流密度（1 A/g、5 A/g、10 A/g）下的 GCD 曲线。由于各摩擦层内阻的存在，通过对 GCD 曲线处理，得到不同电流密度下的电压降 [图 4-7（d）]。可以看出，电压降随电流密度增加呈

上升趋势。其中，低电流密度（＜5 A/g）时，加入 PA6、PVDF、BaTiO$_3$ 后的摩擦层电压降均增大。比电容 C 采用式（4-4）计算，将结果绘制成图 4-7（e），可见，由于离子迁移传输速率不能与电流密度增加幅度相一致，随着电流密度增大，各摩擦层比电容呈现出先急剧减小后趋于平稳趋势。此外，加入 PA6、PVDF、BaTiO$_3$ 后，各摩擦层内部排布结构不同，致使通透性不同，所以各电流密度下，各电化学参数不同。根据式（4-5）计算出能量密度 E，将结果绘制成图 4-7（f），可以发现能量密度与比电容具有相似的变化趋势，由于本实验采用基于电位的充放电测试方法，通过简化计算公式可知，电流密度越大，能量越大，所以其随着电流密度增加呈现减小趋势。其中，1 A/g 电流密度时，加入 PVDF 后，能量密度达到 8.85 Wh/kg（提升至纯净纤维素摩擦层的 112.78%）。可以发现，加入 PA6、PVDF、BaTiO$_3$ 后，比电容和能量密度整体有所下降，这是因为虽然内部导电粒子数目增多，但通透性降低，在低电流密度下，离子传输速率有所下降，表现为该电流密度下，比电容和能量密度有所减小。

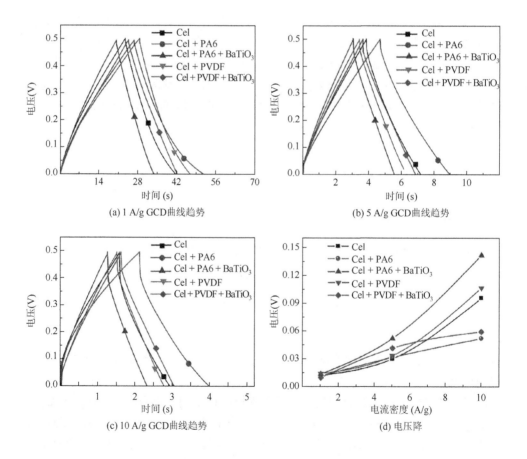

(a) 1 A/g GCD曲线趋势

(b) 5 A/g GCD曲线趋势

(c) 10 A/g GCD曲线趋势

(d) 电压降

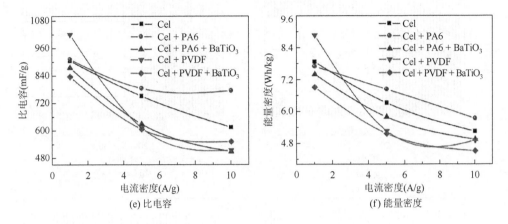

图 4-7   不同电流密度下不同种类摩擦层的 GCD 曲线、比电容、能量密度

2. 开路输出电压/短路输出电流测试

测试不同种类摩擦层与 PTFE 薄膜组成发电机的性能，摩擦层大小为 3 cm×
3 cm，施加外力大小为 10 N，挤压频率为 1 Hz。测试其电输出参数。实验测试了
不同种类摩擦层 50 s 内的开路输出电压、短路输出电流值，通过剔除杂乱数据，
对曲线进行拟合，单个不同种类摩擦层的开路输出电压曲线如图 4-8 所示，短路
输出电流曲线如图 4-9 所示。可以看出，纯纤维素摩擦层开路输出电压峰值为
7.925 V，短路输出电流峰值为 1.095 μA。加入 PA6 后，输出电压增加至 14.279 V
（提升 80.18%），输出电流增加至 2.917 μA（提升 166.39%）。加入 PVDF 后，输
出电压增加至 15.755 V（提升 98.80%），输出电流增加至 3.239 μA（提升 195.80%），
由于不同材料的电负性不同，导致电输出性能不同，两种材料电负性差异越大，
发电机输出性能越好，所以加入 PVDF 后电输出性能优于加入 PA6 时。在加入 PA6
基础上添加 $BaTiO_3$ 后，输出电压进一步增加至 18.798 V（提升 31.65%），输出电
流提高至 5.129 μA（提升 75.83%）。在加入 PVDF 基础上添加 $BaTiO_3$ 后，输出电
压进一步提高至 20.155 V（提升 27.93%），输出电流增加至 6.001 μA（提升
85.27%）。这是由于 $BaTiO_3$ 是一种强介电化合物，具有高介电常数和低介电损耗，
具有很强的电荷储存能力，利用其高介电常数性质、强电荷存储能力以及压电效
应，可将其掺入原有摩擦层中提高其介电常数，进一步提升了发电机的输出性能。
同时，由于 $BaTiO_3$ 晶体无对称中心，外加压力时电荷分布发生变化，产生偶极矩，
产生压电效应，其压电效应可进一步增强摩擦层的压电性能，也能够提升发电机
的输出性能。

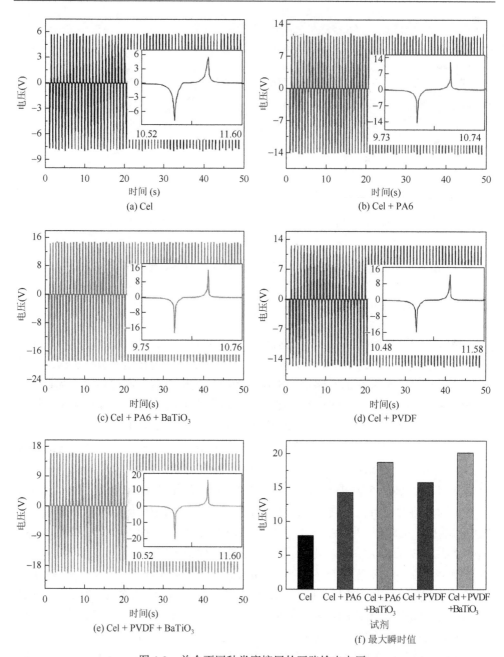

图 4-8　单个不同种类摩擦层的开路输出电压

3. 充放电测试

使用不同种类摩擦层的摩擦纳米发电机为 47 μF 电容器进行供电，测试其 1000 s 内的充放电性能。前 500 s 为其进行供电，后 500 s 观察掉电特性，便于后续储能电路设计。图 4-10 是基于 Cel、Cel + PVDF + BaTiO₃ 摩擦层，组装单个、两个、四个 TENG 的充放电图形。通过图 4-10 可以看出，500 s 内，单个基于

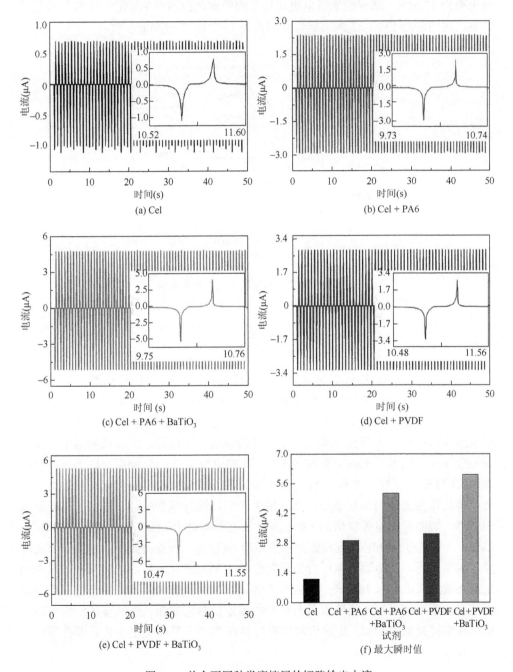

(a) Cel

(b) Cel + PA6

(c) Cel + PA6 + BaTiO₃

(d) Cel + PVDF

(e) Cel + PVDF + BaTiO₃

(f) 最大瞬时值

图 4-9　单个不同种类摩擦层的短路输出电流

Cel 摩擦层发电机的充电峰值达到 1.965 V，掉电至 1.672 V，掉电率为 14.91%。基于 Cel + PVDF + BaTiO$_3$ 摩擦层发电机的充电峰值达到 3.114 V，掉电至 2.628 V，掉电率为 15.61%。摩擦纳米发电机连接整流管理电路后可为 MCS-52 单片机进行供电，进而驱动 SFM-27 蜂鸣器报警和点亮 LCD1602 液晶显示屏。

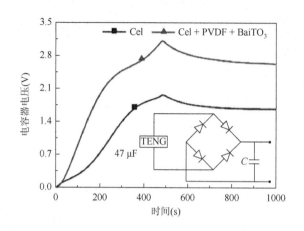

图 4-10　不同摩擦层的充放电性能测试

4.3　本 章 小 结

本章提出了一种以天然可降解材料纤维素为基底的绿色环保摩擦纳米发电机，利用从众多天然植被与生物中提取出来的纤维素以及 α-纤维素具有溶解再生的特性，得到再生纤维素薄膜，将其作为摩擦层。然后纤维素薄膜与 PTFE 薄膜组装形成 TENG，进行挤压摩擦发电，并测试输出电性能。组装后的基于可降解纤维素基底的纳米发电机装置包含 5 层：顶端电极（Al）、纤维素基底不同种类摩擦层、PTFE 层、底端电极（Al）、PMMA。由于 PMMA 材料具有良好的力学性能，将其作为上下两层封装层。研究结果表明，纯纤维素膜开路输出电压峰值为 7.925 V，短路输出电流峰值为 1.095 μA。在此基础处上，添加电负性不同的 PA6、PVDF 以及具有高介电常数和低介电损耗的 BaTiO$_3$，制备得到不同种类摩擦层薄膜。结果表明，开路输出电压峰值最大提升 1.543 倍，达到 20.155 V，短路输出电流峰值最大提升 4.480 倍，达到为 6.001 μA。测试表明，本章提出的以纤维素为基底的摩擦纳米发电机装置具有良好的稳定性和可靠性，能够被广泛地应用于能量采集转换储存领域，促进天然生物材料在 TENG 等微型电子传感器件器中的应用发展。

参 考 文 献

[1]　Karan S K，Maiti S，Agrawal A K，et al. Designing high energy conversion efficient bio-inspired vitamin assisted single-structured based self-powered piezoelectric/wind/acoustic multi-energy harvester with remarkable power density. Nano Energy，2019，59：169-183.

[2]　Xi L，Kun Z，Ya Y. Effective polarization of ferroelectric materials by using a triboelectric nanogenerator to scavenge wind energy. Nano Energy，2018，53：622-629.

[3]　Chen B，Yang Y，Wang Z L. Scavenging wind energy by triboelectric nanogenerators. Advanced Energy Materials，2018，8（10）：1702649.1-1702649.13.

[4]　Qian J G，Jing X J. Wind-driven hybridized triboelectric-electromagnetic nanogenerator and solar cell as a sustainable power unit for self-powered natural disaster monitoring sensor networks. Nano Energy，2018，52：78-87.

[5]　Hou H D，Xu Q K，Pang Y K，et al. Efficient storing energy harvested by triboelectric nanogenerators using a safe and durable all-solid-state sodium-ion battery. Advanced Science，2017，4（8）：1700072.

[6]　Yuan Z，Du X，Li N，et al. Triboelectric-based transparent secret code. Advanced Science，2018，5（4）：1700881.

[7]　Pu X，Liu M，Li L，et al. Efficient charging of Li-ion batteries with pulsed output current of triboelectric nanogenerators. Advanced Science，2016，3（1）：1500255.

[8]　Kuang S Y，Zhu G，Wang Z L. Triboelectrification-enabled self-powered data storage. Advanced Science，2018：1700658.

[9]　Yin Y，Zhang X，Du X，et al. Efficient charging of lithium-sulfur batteries by triboelectric nanogenerator based on pulse current. Advanced Materials Technologies，2018，4：1800326.

[10]　Han S，Kim J，Won S M，et al. Battery-free，wireless sensors for full-body pressure and temperature mapping. Science Translational Medicine，2018，10（435）：eaan4950.

[11]　Liu Y，Norton J J S，Qazi R，et al. Epidermal mechano-acoustic sensing electronics for cardiovascular diagnostics and human-machine interfaces. Science Advances，2016，2（11）：e1601185.

[12]　Gao W，Emaminejad S，Nyein H Y Y，et al. Fully integrated wearable sensor arrays for multiplexed *in situ* perspiration analysis. Nature，2016，529（7587）：169-183.

[13]　Salauddin M，Toyabur R M，Maharjan P，et al. High performance human-induced vibration driven hybrid energy harvester for powering portable electronics. Nano Energy，2018，45：236-246.

[14]　Liu H，Lee C，Kobayashi T，et al. Investigation of a MEMS piezoelectric energy harvester system with a frequency-widened-bandwidth mechanism introduced by mechanical stoppers. Smart Materials & Structures，2012，21（3）：035005.

[15]　Lee J H，Park J Y，Cho E B，et al. Reliable piezoelectricity in bilayer WSe_2 for piezoelectric nanogenerators. Advanced Materials，2017，（29）：1606667.

[16]　Han S A，Kim T H，Kim S K，et al. Point-defect-passivated MoS_2 nanosheet-based high performance piezoelectric nanogenerator. Advanced Materials，2018，30（21）：e1800342.

[17]　Zheng Q，Shi B，Li Z，et al. Recent progress on piezoelectric and triboelectric energy harvesters in biomedical systems. Advanced Science，2017，4（7）：1700029.

[18]　Zhang K W，Wang S H，Yang Y. A one-structure-based piezo-tribo-pyro-photoelectric effects coupled nanogenerator for simultaneously scavenging mechanical，thermal，and solar energies. Advanced Energy Materials，2017，7（6）：

1601852.

[19] Chu Y, Zhong J, Liu H, et al. Human pulse diagnosis for medical assessments using a wearable piezoelectret sensing system. Advanced Functional Materials, 2018, 28 (40): 1803413.1-1803413.10.

[20] Song H B, Karakurt I, Wei M, et al. Lead iodide nanosheets for piezoelectric energy conversion and strain sensing. Nano Energy, 2018, 49: 7-13.

[21] Lin Z H, Zhu G, Zhou Y S, et al. A self-powered triboelectric nanosensor for mercury ion detection. Angewandte Chemie International Edition, 2013, 52 (19): 5065-5069.

[22] Zhu G, Su Y, Bai P, et al. Harvesting water wave energy by asymmetric screening of electrostatic charges on a nanostructured hydrophobic thin-film surface. ACS Nano, 2014, 8 (6): 6031-6037.

[23] Xie Y, Wang S, Niu S, et al. Multi-Layered disk triboelectric nanogenerator for harvesting hydropower. Nano Energy, 2014, 6: 129-136.

[24] Cheng G, Lin Z H, Du Z L, et al. Simultaneously harvesting electrostatic and mechanical energies from flowing water by a hybridized triboelectric nanogenerator. Acs Nano, 2014, 8 (2): 1932-1939.

[25] Chen Y D, Jie J, Wang J, et al. Triboelectrification on natural rose petal for harvesting environmental mechanical energy. Nano Energy, 2018, 50: 441-447.

[26] Chen X Y, Xiong P, Jiang T, et al. Tunable optical modulator by coupling a triboelectric nanogenerator and a dielectric elastomer. Advanced Functional Materials, 2017, 27 (1): 1603788.

[27] Hinchet R, Ghaffarinejad A, Lu Y, et al. Understanding and modeling of triboelectric-electret nanogenerator. Nano Energy, 2018, 47: 401-409.

[28] Chen J, Guo H, Pu X, et al. Traditional weaving craft for one-piece self-charging power textile for wearable electronics. Nano Energy, 2018, 50: 536-543.

[29] Feng L, Liu G, Guo H, et al. Hybridized nanogenerator based on honeycomb-like three electrodes for efficient ocean wave energy harvesting. Nano Energy, 2018, 47: 217-223.

[30] Wang X, Yang Y. Effective energy storage from a hybridized electromagnetic-triboelectric nanogenerator. Nano Energy, 2017, 32: 36-41.

[31] Wang X, Niu S, Yin Y, et al. Triboelectric nanogenerator based on fully enclosed rolling spherical structure for harvesting low-frequency water wave energy. Advanced Energy Materials, 2015, 5 (24).

[32] Toyabur R M, Salauddin M, Cho H, et al. A multimodal hybrid energy harvester based on piezoelectric-electromagnetic mechanisms for low-frequency ambient vibrations. Energy Conversion and Management, 2018, 168: 454-466.

第 5 章 生物启发的离子凝胶仿生人工肌肉

目前，研究者主要通过提升驱动膜各方面性能来提升纤维素基离子驱动器电机械性能[1-15]。本章着眼点为：在纤维素基底中依次添加 MWCNT、RGO、MnO_2、PANI 四种不同物质，制备不同种类的再生纤维素掺杂驱动膜，将驱动膜分别命名为 Cel-1~Cel-6，进而组装形成纤维素基离子驱动器，并通过 SEM-EDS、FT-IR 和 XRD 对驱动膜的微观结构、元素组成及相应质量分数、官能团信息进行观察和表征，侧重研究了掺杂后绿色离子驱动器与驱动膜的力学、电化学和电机械性能。

5.1 离子凝胶仿生人工肌肉的制备工艺

5.1.1 实验材料

α-纤维素（质量分数为 99.5%）购自阿拉丁化学公司（中国上海）。氯化 1-丁基-3-甲基咪唑氯化物（[BMIM]Cl）购自中国科学院兰州化学物理研究所（中国兰州），分子质量 174.67 kDa，熔点为 70℃。高导电态 WMCNT 粉末（碳纳米管质量分数不少于 95%）、WMCNT 水分散液（MWCNT，碳纳米管质量分数为 10.6%）、高导电态石墨烯粉末（质量分数不少于 98%）、还原氧化石墨烯水分散液（RGO，质量分数为 0.42%），购自北京博宇高科新材料技术有限公司（中国北京）。高导电态多壁聚苯胺（掺杂率不少于 30%），分子质量为 50000~60000 kDa，购自酷尔化学科技（北京）有限公司（中国北京）。二氧化锰（质量分数不少于 85%），分子质量为 86.94 kDa，购自福晨（天津）化学试剂有限公司（中国天津）。无水氯化锂颗粒（LiCl 质量分数不少于 95%），分子质量为 42.39 kDa，购自天津市天力化学试剂有限公司（中国天津）。一些常用的化学试剂（甘油等）购自永昌试剂有限公司（中国哈尔滨）。

5.1.2 再生纤维素电解质膜的制备

将 5 g[BMIM]Cl 均匀地加入烧杯中，然后在 85℃下搅拌并加热 20 min。用分析天平称重 0.5 g 纤维素加入到[BMIM]Cl 中，将混合物低速搅拌 60 min，温度为 85℃。依次添加 MWCNT、MWCNT/RGO、MWCNT/RGO/PANI、MWCNT/

RGO/MnO$_2$、MWCNT/RGO/MnO$_2$/PANI 和纯净再生纤维素电解质膜，一共制备 6 种不同的电解质膜（分别标记为 Cel-2、Cel-3、Cel-4、Cel-5、Cel-6、Cel-1），低速搅拌 30 min，温度为 85℃。在室温和 46%湿度下，将制备的 Cel-1～Cel-6 混合溶液涂覆在 100 mm×100 mm 的玻璃板上，静置 1 h 后，将其置于蒸馏水中 30 min。在玻璃板上取下各再生电解质膜，并使其在空气中静置待用。

5.1.3　MWCNT/壳聚糖电极膜的制备及驱动器的组装

配制 2%浓度的冰醋酸溶液，称取 0.3 g 壳聚糖添加到醋酸溶液中，在 60℃下搅拌 20 min。然后，量取 3 mL MWCNT、0.7 mL RGO 水分散液添加到混合溶液中搅拌 40 min。倒入模具中静置 2 h，放入干燥箱中 70℃干燥 4 h，取出待用。将制备的电极膜紧贴在离子电解质层上下表面，并在室温下采用压膜机进行挤压，获得基于具有高效离子通道的各向异性电解质基的离子人工肌肉驱动器。

5.2　实验测试与分析方法介绍

5.2.1　测试条件

在该实验中，基于 Cel-1～Cel-6 电解质膜的相关测试方式主要如下（所有测试均在室温和空气湿度下进行）。

采用扫描电子显微镜（SEM，JSM-7500F）对各电解质膜进行微观形貌观察，能量色散 X 射线谱（EDS）测试各电解质膜的组成元素及对应质量分数。使用傅里叶变换红外光谱仪（FT-IR，Nicolet iS50）测试各电解质膜 4000～500 cm^{-1} 之间的特征峰。采用 X 射线衍射仪（XRD，X'Pert3 Powder）观察电解质膜掺杂前后结构及晶型变化情况，扫描范围为 5°～55°，扫描速率为 5°/min。使用电化学测试站（Corr Test CS350H）进行循环伏安法（CV）、电化学阻抗法（EIS）、恒电流充放电（GCD）测试。通过电子力学万能试验机 AG-A10T 测试各电解质膜的力学性能。整体驱动器的电机械特性通过自制的实验平台进行测试，测试不同条件下的输出位移和输出力大小。

5.2.2　相关公式

CV 测试中，采用式（5-1）计算样件的比电容。

$$C = \frac{1}{2 \cdot s \cdot r \cdot \Delta V} \int_{V_0}^{V_0 + \Delta V} I dV \qquad (5\text{-}1)$$

式中，s 为电极的表面积；r 为电压扫描速率；ΔV 为整个循环过程中电势降；V_0 为循环过程中最低电压。

孔隙性测试中，孔隙率 ρ_r 计算方式同式（3-1）。

GCD 测试中，比电容计算方式同式（3-3）；能量密度 E 计算方式同式（3-4）。

EIS 测试中，双电层电容 C_{dl} 计算方式同式（4-2）；离子电导率 σ 计算方式同式（4-3）。

5.3 离子凝胶仿生人工肌肉性能分析

5.3.1 微观特性与表征分析

1. SEM 分析

图 5-1（a）～（f）分别是掺杂不同物质再生纤维素电解质膜的 SEM 图。

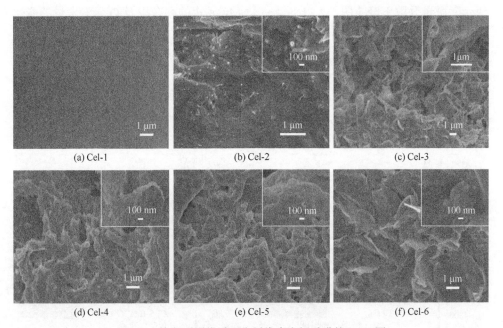

图 5-1 掺杂不同物质再生纤维素电解质膜的 SEM 图

由图 5-1（a）可知，Cel-1 再生纤维素电解质膜表面光滑，能够与两侧电极紧密相贴，确保运动导电粒子的高效运动与传导，使其具有稳定的电化学性能和电机械输出性能。由图 5-1（b）可以看出，细长管状的 MWCNT 相互交织分布在电解质膜内部，局部发生重叠堆积。由图 5-1（c）可以看出，大块片状的 RGO 相互贴合交错分布在电解质膜内部，管状的 MWCNT 分布在 RGO 内部及表面，出现大孔隙结构，有效增大内部容纳电荷能力。由图 5-1（d）可以看出，加入 MnO_2 后，电解质膜表面变得密集，颗粒状的 MnO_2 相互堆积，依附在管状 MWCNT 和片状 RGO 上。由图 5-1（e）可以看出，绝大部分 PANI 渗透至电解质膜内部，相互重叠交叉在一起，与 MWCNT 具有相似的形状结构，但其长度不及 MWCNT，存在大孔隙结构。由图 5-1（f）可以看出，各掺杂物相互重合交叉依附，其中部分颗粒状的 MnO_2、不同长度管状的 MWCNT、PANI 分布在片状的 RGO 上。进行掺杂后，掺杂物会对电解质膜内部比表面积、通透性造成影响，导致离子运动和电子传导速率发生变化，最终会导致电化学和电机械性能参数发生改变，后续将会进行具体探究和进一步说明。

2. EDS 元素分析

图 5-2（a）～（f）分别是掺杂不同物质再生纤维素电解质膜的 EDS 元素分析。离子电解质层加入 MWCNT、RGO 后，将会导致 C 元素质量分数上升，其他元素质量分数下降［图 5-2（b）、（c）］，Mn 元素的存在以及 O 元素含量的变化证明了 MnO_2 的存在［图 5-2（e）、（f）］。

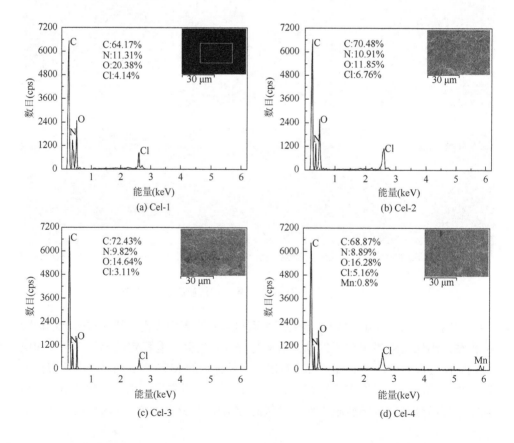

(a) Cel-1　　　　　　　　　　(b) Cel-2

(c) Cel-3　　　　　　　　　　(d) Cel-4

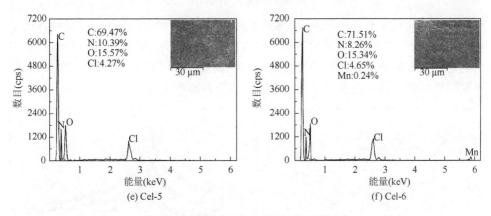

图 5-2　掺杂不同物质纳米导电粒子的电解质层的 EDS 图

图 5-2（a）是 Cel-1 再生纤维素电解质膜的 EDS 图，由于纤维素采用离子液体[BMIM]Cl 进行溶解，后期进行相交换处理，所以引入 N、Cl 元素。加入 MWCNT、RGO 将会导致 C 元素质量分数上升，其他元素质量分数下降，由图 5-2（b）、（c）各元素质量分数变化趋势可以得到证明。Mn 元素的存在以及 O 元素质量分数上升证明了 MnO_2 的存在 [图 5-2（d）]。由于 EDS 是一种粗略检测手段，能够表明电解质膜元素组成，但所测质量分数与实际值有所偏差，本测试中主要通过元素的存在，证明掺杂物的加入。结合图 5-2（b）～（f），各元素的存在及质量分数变化情况证明 MWCNT、RGO、MnO_2、PANI 的存在，由于电解质膜局部不均匀及测试本身的性质，质量分数与实际值有所偏差。

3. FT-IR 与 XRD 扫描分析

图 5-3（a）为共掺杂前后离子电解质膜的 FT-IR 振动峰曲线，可以看出个别峰位的尖锐度有所改变。在进行掺杂前后，各掺杂物结构不同，引入 O—H、N—H、—C≡O、C—O—C、C≡N、N≡O 键等，导致质量分数发生变化，这个转变为对应峰位的尖锐度改变。从图中可以看出：3358 cm^{-1} 左右代表了 O—H、N—H 键的伸缩振动，3155 cm^{-1} 左右代表了不饱和碳上 C—H 键的伸缩振动，2871 cm^{-1} 左右代表了饱和碳上 C—H 键的伸缩振动，1635 cm^{-1} 代表了 C≡C、C≡N、N≡O 键的伸缩振动，1564 cm^{-1} 左右代表了—C≡O 键的伸缩振动，1378 cm^{-1} 左右代表了—CH_2 键的伸缩振动，1256 cm^{-1} 左右代表了 C—N 键的伸缩振动，1165 cm^{-1} 左右代表了 C—O—C 键的不对称伸缩振动，1063 cm^{-1} 左右代表了 C—H 键的弯曲振动，1023 cm^{-1} 左右代表了 C—C 键的骨架振动，800～1000 cm^{-1} 之间主要是 C_1 基团组的振动峰。纤维素在共掺杂过程中，部分分子间化学键受到了破坏并发生了重组，所以化学键的峰位会发生一定的偏移。具体来说：O—H 键的伸缩振动峰由 3358 cm^{-1} 处偏移到了 3338 cm^{-1}，即 C_2～C_5 基团

组发生了一定的变化；C—O—C 键的不对称伸缩振动峰由 1165 cm^{-1} 处偏移到了 1160 cm^{-1}，即 C$_1$ 与 C$_4$ 基团组发生了一定的变化。此外，由图中所有线条具有相似的形状及特征峰可知，在纤维素基中加入 MWCNT、RGO、MnO$_2$、PANI 四种不同物质，整个过程没有发生化学反应，没有新物质生成。

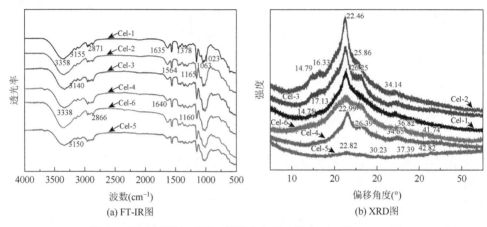

图 5-3　掺杂不同物质再生纤维素电解质膜 FT-IR 图、XRD 图

图 5-3（b）为共掺杂离子电解质膜的 XRD 衍射峰曲线。可以看出：相同峰位处，进行掺杂处理后，衍射峰尖锐度、峰宽发生改变，加入 PANI 后，再生纤维素电解质膜各衍射峰强度降低，其余增大。此外，进行不同掺杂，各电解质膜衍射峰位发生了左右偏移。这是由于各掺杂物在搅拌过程中溶解以及相交换时离子发生取代，导致分子间以及氢键作用力发生改变，晶格尺寸发生改变，表现为衍射峰左右偏移。具体来说，14.75° 偏移至 14.79°、17.13° 偏移至 16.33°、22.46° 偏移至 22.82°、34.14° 偏移至 34.66°。伴随着不同物质的加入，有新的衍射峰位出现（加入 MWCNT，25.86° 位置出现新峰位；加入 RGO 后，新峰位从 25.86° 偏移至 26.25°；加入 MnO$_2$ 后，新峰位从 25.86° 偏移至 26.39°；加入 PANI 后，30.23°、37.39°、42.82° 位置出现新峰位；混合加入后，新峰位从 42.82° 偏移至 41.74°）。掺杂不同物质后，由 XRD 衍射峰尖锐度改变、峰位偏移及新的峰位出现可知再生纤维素电解质膜的内部结构与物理属性发生变化，将进而影响电驱动器的电机械性能。

5.3.2　电化学特性分析

1. CV 分析

在本分析中，采用的电解液为 1 mol/L 的 LiCl 溶液。实验参数：扫描速率设置为 20～500 mV/s，扫描电势窗口设置为 0.2～0.7 V、0.2～1.0 V、0.2～1.2 V，进行合适电势窗口测试选择。

由图 5-4（a）、（c）可知，Cel-1 和 Cel-6 离子电解质膜均具有适应广泛电势窗口的能力，当电势窗口为 0.2～0.7 V、0.2～1.0 V 时，CV 曲线光滑平稳，电化学稳定性良好；当电势窗口为 0.2～1.2 V 时，CV 曲线出现虚化现象，这是由于电解质膜受到一定程度的击穿并不断产生分解。

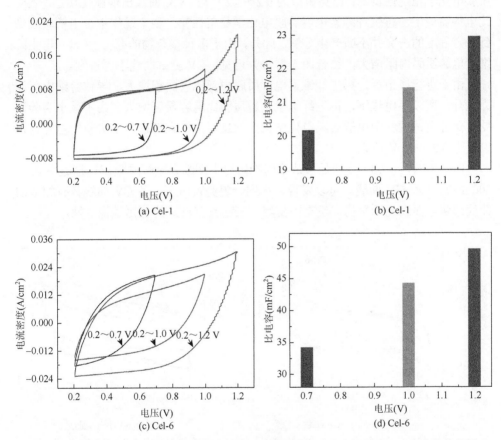

图 5-4　不同电位下掺杂不同物质再生纤维素电解质膜的 CV 曲线图及比电容变化柱状图

结合图 5-4（b）、（d）可以发现，比电容随着电势增加而增大。当电势窗口从 0.2～0.7 V 调整为 0.2～1.0 V 时，Cel-1 电解质膜比电容从 20.179 mF/cm^2 增大至 21.438 mF/cm^2，提高 6.24%；Cel-6 电解质膜比电容从 32.056 mF/cm^2 增大至 44.241 mF/cm^2，提高 38.01%。电势窗口调整为 0.2～1.2 V 时，Cel-1 电解质膜比电容增大至 22.948 mF/cm^2，提高 13.72%；Cel-6 电解质膜比电容增大至 49.618 mF/cm^2，提高 54.79%。这表明电势窗口 0.2～1.0 V 时，电解质膜比电容增加更为显著。因此，电势窗口设置为 0.2～1.0 V 适宜。

图 5-4（a）、（b）是 Cel-1 离子电解质膜在 300 mV/s 扫描速率下的 CV 曲线图

及比电容变化柱状图，图 5-4（c）、（d）是 Cel-6 离子电解质膜在 300 mV/s 扫描速率下的 CV 曲线图及比电容变化柱状图。由图 5-4（a）、（c）可知，Cel-1 和 Cel-6 再生纤维素电解质膜均具有适应广泛电势窗口的能力。可以发现，电势窗口为 0.2～0.7 V、0.2～1.0 V 时，CV 曲线光滑平稳，表明此电压下，再生纤维素电解质膜电化学稳定性良好；电势窗口为 0.2～1.2 V 时，CV 曲线出现虚化现象，表明此电势窗口下，再生纤维素电解质膜电化学稳定性差，整个过程中，电解质膜受到一定程度的击穿并不断产生分解。此外，由于多种掺杂物的存在，Cel-6 再生纤维素电解质膜内阻增大，结合图 5-4（c）可见，CV 测试曲线不再规则。

　　由于进行掺杂后，再生纤维素电解质膜内部比表面积增大，导致容纳电荷能力提升，所以各电位下，再生纤维素电解质膜比电容显著增大。为了减小实验误差，保证测试过程中电解质膜电化学稳定性良好，综合考虑，本实验中电势窗口设置为 0.2～1.0 V 适宜。

　　图 5-5（a）～（h）分别是掺杂不同物质再生纤维素电解质膜在扫描速率 20～500 mV/s 下的 CV 曲线。可以发现，在同一电势窗口下，各 CV 曲线具有相似的曲线形状，曲线光滑平稳，没有突变峰，表明具有良好的电化学稳定性。

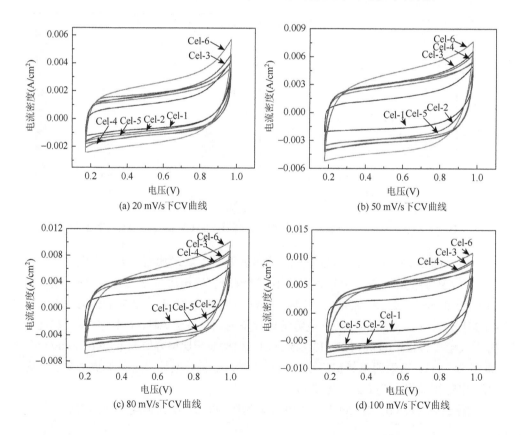

(a) 20 mV/s 下 CV 曲线　　　　　　　　　(b) 50 mV/s 下 CV 曲线

(c) 80 mV/s 下 CV 曲线　　　　　　　　　(d) 100 mV/s 下 CV 曲线

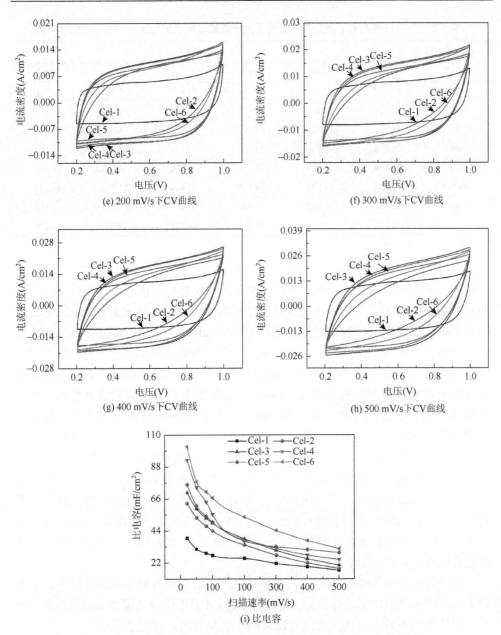

图 5-5　不同共掺杂电解质膜的 CV 曲线图及比电容变化曲线

通过式（5-1）计算获得相应比电容值，记录在表 5-1 中，并绘出其变化趋势，如图 5-5（i）所示。由图 5-5（i）及表 5-1 可知，由于电解质膜内部离子迁移速率不能随着扫描速率增加同步增加，于是，随着扫描速率的增加，掺杂不同物质再生纤维素电解质膜的比电容值均呈现下降趋势。

表 5-1　不同扫描速率下掺杂不同物质再生纤维素电解质膜的比电容值（mF/cm²）

扫描速率 (mV/s)	试剂					
	Cel-1	Cel-2	Cel-3	Cel-4	Cel-5	Cel-6
20	38.868	62.896	70.358	92.804	75.828	102.101
50	31.321	53.081	59.133	73.833	61.177	77.846
80	28.515	47.320	52.791	63.815	54.022	70.880
100	26.914	43.951	49.366	55.348	50.004	66.657
200	24.984	34.159	38.477	37.892	36.953	53.523
300	21.438	27.121	30.443	31.814	32.936	44.241
400	19.133	21.822	24.642	27.211	30.989	37.183
500	16.664	17.971	20.257	24.212	28.95	31.604

通过对比掺杂前后再生纤维素电解质膜的比电容可知，各扫描速率下，掺杂后再生纤维素电解质膜的比电容值明显高于纯净电解质膜的。由图 5-5（i）可知，20 mV/s 扫描速率下，Cel-6 电解质膜比电容从 38.868 mF/cm² 增大至 102.101 mF/cm²，提升 1.627 倍；Cel-2 电解质膜比电容从 38.868 mF/cm² 增大至 62.896 mF/cm²，提升 61.8%。这是由于掺杂物的存在，有效改变电解质膜内部比表面积，致使电荷容纳能力增大，比电容明显上升。相同扫描速率下，通过对比掺杂不同物质再生纤维素电解质膜的比电容可知，Cel-6 再生纤维素电解质膜的比电容明显高于其他值，结合电镜图可知，混合掺杂时，各掺杂物相互重合交叉依附，其中部分颗粒状的 MnO_2、不同长度管状的 MWCNT、PANI 分布在片状的 RGO 上，极大增大电解质膜内部容纳电荷数，其比电容大于其他掺杂时电解质膜的比电容。随着扫描速率提升，各电解质膜比电容明显下降，其中 Cel-6 再生纤维素电解质膜比电容下降最为明显，当扫描速率从 20 mV/s 提升至 500 mV/s 时，比电容从 102.101 mF/cm² 减小至 31.604 mF/cm²，20 mV/s 扫描速率下比电容是 500 mV/s 时的 3.23 倍。这是由于电解质膜发生了一定的氧化还原反应以及内部离子迁移速率不能随着扫描速率增加及时增加。

由于再生纤维素电解质膜比电容与其内部比表面积及离子通透性有关，进行掺杂后，比表面积增大，但其离子通透性变差；Cel-1 电解质膜离子通透性好，但由于其比表面积较小，内部容纳及通过离子数量有限，比电容较小。

2. EIS 分析

在本分析中，采用的电解液为 1 mol/L 的 LiCl 溶液。图 5-6 为共掺杂离子电解质膜在 $10^5 \sim 10^{-2}$ Hz 下的 EIS 曲线，等效电阻 R_e、电荷传递电阻 R_{ct}、双电层电容 C_{dl}、离子电导率 σ 记录在表 5-2 中。

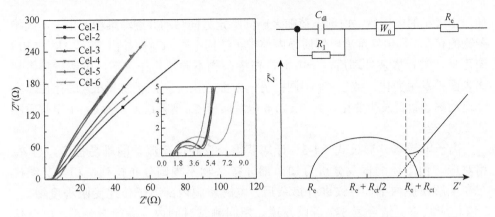

图 5-6　不同掺杂离子电解质膜在 $10^5 \sim 10^{-2}$ Hz 的 EIS 曲线

表 5-2　掺杂不同物质再生纤维素电解质膜的参数

EIS 参数	试剂					
	Cel-1	Cel-2	Cel-3	Cel-4	Cel-5	Cel-6
$R_e(\Omega)$	1.107	1.146	1.234	1.391	1.246	1.443
$R_{ct}(\Omega)$	3.340	5.742	4.578	9.236	7.102	10.074
$C_{dl}(mF)$	0.402	0.468	0.586	0.879	0.769	1.084
$\sigma(mS/cm)$	0.249	0.145	0.182	0.091	0.117	0.083

等效电阻 R_e 由高频段与实轴的交点获得，反映了驱动器内阻大小。其他条件不变时，进行掺杂处理后 R_e 增大，这是由于随着掺杂物的加入，再生纤维素电解质膜厚度增加，两电极之间间距增大。对于掺杂不同物质的电解质膜，由 SEM 图可知，其中部分颗粒状的 MnO_2、不同长度管状的 MWCNT、PANI 分布在片状的 RGO 上，各掺杂物相互重合交叉依附，致使 Cel-2～Cel-6 电解质膜 R_e 大于 Cel-1。

电荷传递电阻 R_{ct} 由高频段直接获得，反映电荷转移进入到活性物质表面的难易程度，传递难易程度与其值大小呈逆关系，直径越小，传递电阻越小，即导电性能越好。由图 5-6、表 5-2 可知，进行掺杂处理后，各电解质膜电荷传递电阻值明显增大，其中，增幅最小的 Cel-3 电解质膜 R_{ct} 增大至 4.578 Ω，为 Cel-1 电解质膜的 1.371 倍。增幅最大的 Cel-6 电解质膜 R_{ct} 增大至 10.074 Ω，为 Cel-1 电解质膜的 3.016 倍。细长管状的 MWCNT 分布在片状的 RGO 上，电解质膜内部离子通道趋于规则化，致使 Cel-3 电解质膜 R_{ct} 值优于其他掺杂情况时。

双电层电容 C_{dl} 通过式（4-2）计算获得，可以反映内部电荷容纳能力。当施加一定大小的电压后，内部电荷随之朝向特定方向移动并逐渐堆积。由于不同掺杂物的存在，再生纤维素电解质膜内部排布结构不同，C_{dl}便显出差异。结合 SEM 图可见，进行掺杂处理后，一方面，在掺杂物不同结构作用下，电解质膜内部比表面积发生变化，致使 C_{dl} 不同；另一方面，由于颗粒状的 MnO_2 的存在，内部运动离子数目发生变化。其中 Cel-6 电解质膜 C_{dl} 增幅最大，为 Cel-1 电解质膜的 2.697 倍。

离子电导率 σ 通过式（4-3）计算获得，反映电荷流动的难易程度，与 R_{ct} 相对应。由上述测试及分析可知，部分掺杂物不规则分布排列，相互交织排布在电解质膜内部，导致进行掺杂后，电解质膜内部离子传递受阻程度增大，σ 值相应减小。结合表 5-2 可以发现，相同测试时间内，进行掺杂后，电荷传递速率均明显减小，其中 Cel-6 电解质膜 σ 下降最大，为 Cel-1 电解质膜的 33.3%。

由以上测试结果与分析可知，进行掺杂处理后，电解质膜内阻增大，电荷传递速率降低，但内部容纳电荷数增大。同时，由于掺杂物不同，内部离子传输通道发生变化，造成孔隙结构不同，最终离子通道的排布规则性和容纳性不同，致使电化学参数（R_{ct}、C_{dl}、σ）不同。

3. GCD 分析

在本分析中，采用基于电位的循环方式，电流密度设置为 5 A/g，电势窗口设置为 0～0.5 V、0～1.0 V，分别测试不同电势窗口下的 GCD 曲线。通过比较不同参数，进行合适电势窗口选择。使用式（3-3）、式（3-4）计算得到比电容 C、能量密度 E。

图 5-7（a）是共掺杂离子电解质膜在不同电位下的 GCD 曲线，可以看出，充放电过程线段平直光滑，表明各再生纤维素电解质膜具有良好的电化学稳定性，与 CV 测试结果相符，说明了再生纤维素电解质膜具有适应不同电势窗口的能力。可以看出，当电位从 0.5 V 提升至 1.0 V 时，充放电时间提升 1.106～1.316 倍。电位提升时，一方面，内部离子迁移速率先急剧增加，后有所减小并趋于稳定，导致充放电时间提高 1 倍左右；另一方面，由于掺杂物不同，电解质膜内部孔隙通道不同，导致充放电时间不同。图 5-7（b）是对应的电压降，同电位下，电解质膜内阻随着掺杂物的加入而增大，导致各电解质膜电压降增大，Cel-6 再生纤维素电解质膜电压降为 Cel-1 电解质膜的 1.575 倍。同一电解质膜，电压降随着电位的提升而减小，是因为恒定电流密度下，整个过程的时间随着电位提升而延长，此时内部离子迁移速率逐渐稳定。

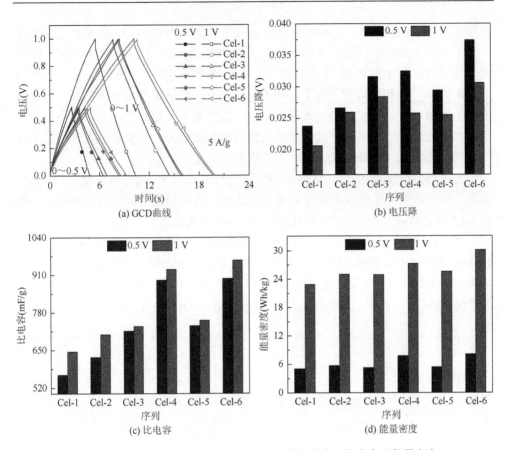

图 5-7　共掺杂的离子电解质膜的 GCD 曲线电压降、比电容及能量密度

图 5-7（c）是对应的比电容，恒定电流密度时，同电位下进行掺杂后，各电解质膜比电容明显增大，大小关系与 CV 测试计算结果变化趋势一致。其中，0.5 V 时，Cel-6 再生纤维素电解质膜比电容增大至 900.141 mF/g，为 Cel-1 电解质膜（565.284 mF/g）的 1.592 倍；1.0 V 时，Cel-6 电解质膜比电容增大至 959.947 mF/g，为 Cel-1 电解质膜（644.798 mF/g）的 1.489 倍。相同电解质膜，电位为原来的 2 倍，此时内部离子迁移速率急速提升后逐渐趋于稳定，测试时间随着电位提升而延长为原来 2 倍以上，从式（3-3）可知，比电容整体有所增大，与测试结果相符。

图 5-7（d）为能量密度柱状图，同电位下，进行掺杂后，各电解质膜能量密度明显增大。其中 0.5 V 时，Cel-6 再生纤维素电解质膜能量密度增大至 8.062 Wh/kg，为 Cel-1 电解质膜（5.014 Wh/kg）的 1.608 倍。1.0 V 时，Cel-6 再生纤维素电解质膜能量密度增大至 30.117 Wh/kg，为 Cel-1 电解质膜（22.825 Wh/kg）的 1.319 倍。实验采用基于电位的充放电测试，理想状态下，电位为原来的 2 倍，能量密

度增加为 4 倍。经测试，当电势窗口从 0～0.5 V 提升为 0～1 V，能量密度最大提升为原来的 4.770 倍（Cel-3 电解质膜从 5.208 Wh/kg 增大为 24.843 Wh/kg）；能量密度最小提升为原来的 3.525 倍（Cel-4 电解质膜从 7.711 Wh/kg 增大为 27.184 Wh/kg）。相同电流密度下，随着电位提升，能量密度都显著增加，增大为原来的 4 倍左右。实验与理论推导结果变化趋势基本一致，存在一定偏差是由于进行掺杂处理后，各再生纤维素电解质膜内部孔隙结构、运动导电离子传输通道排布的不规则性，以及测试过程中发生的电化学反应。

当电势窗口设置为 0～1 V 时，经测试，在较长时间内，低电流密度下（1 A/g），各再生纤维素电解质膜达不到 1 V 电位。此外，内阻消耗增加造成额外损耗，综合考虑，GCD 测试中，电势窗口设置为 0～0.5 V 适宜。

图 5-8（a）～（c）分别为共掺杂离子电解质膜在不同电流密度（1 A/g、5 A/g、10 A/g）下的 GCD 曲线。通过对 GCD 曲线处理，得到不同电流密度下的电压降，如图 5-8（d）所示。随着电流密度增加，各离子电解质膜的内阻消耗增加，故电压降呈现增加趋势。其中，当电流密度从 1 A/g 提升至 10 A/g 时，Cel-6 离子电解质膜

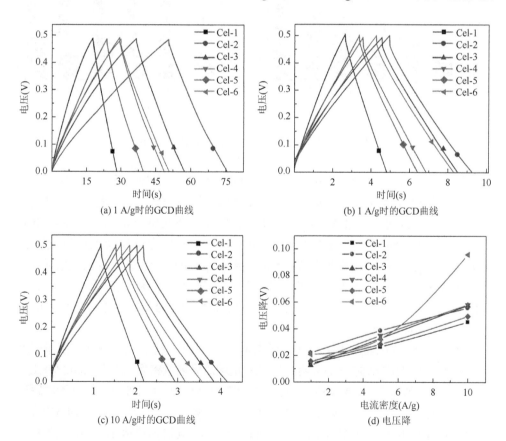

(a) 1 A/g时的GCD曲线

(b) 1 A/g时的GCD曲线

(c) 10 A/g时的GCD曲线

(d) 电压降

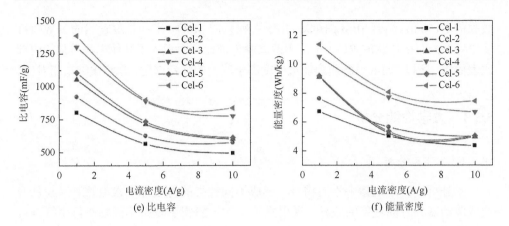

图 5-8　不同电流密度下共掺杂离子电解质膜的 GCD 曲线、电压降、比电容、能量密度

的电压降增幅最大，增加 3.796 倍。相同电流密度下，进行掺杂处理后的离子电解质膜的内阻增大，电压降增大。可以发现，电压降大小关系与前面 EIS 中 R_{ct} 大小基本对应，其中 Cel-6 再生纤维素电解质膜阻抗最大，对应电压降也高于其他的样品。

采用式（3-3）计算得到比电容 C，将结果绘制成图 5-8（e）。相同电流密度下，掺杂后，由于内部比表面积增大，离子电解质层内部容纳电荷数增加，比电容明显提升。其中，1 A/g 电流密度下，Cel-1 电解质膜比电容为 802.832 mF/g，Cel-6 电解质膜比电容为 1389.207 mF/g，是 Cel-1 电解质膜的 1.730 倍；10 A/g 电流密度下，Cel-1 电解质膜比电容为 492.852 mF/g，Cel-6 电解质膜比电容为 837.377 mF/g，是 Cel-1 电解质膜的 1.699 倍。同一电解质膜，随着电流密度增大，比电容整体呈现出先急剧减小后趋于平稳的趋势。受到再生纤维素电解质膜通透性影响，离子迁移速率和数量不能瞬时与电流密度增加大小相一致，致使比电容初始呈现下降趋势，后来逐渐平稳。

根据式（3-4）计算得到能量密度 E。本实验采用基于电位的充放电测试方法，当电位固定，随着电流密度增大，能量密度变化趋势与比电容变化趋势一致。进行掺杂处理后，离子电解质层的能量密度明显提升［图 5-8（f）］。其中，1 A/g 电流密度下，Cel-1 电解质膜能量密度为 6.711 Wh/kg，Cel-6 电解质膜能量密度提升最大（11.375 Wh/kg），是 Cel-1 电解质膜的 1.695 倍；Cel-2 电解质膜能量密度增幅最小（7.604 Wh/kg），是 Cel-1 电解质膜的 1.133 倍。5 A/g 电流密度下，Cel-1 电解质膜能量密度为 5.014 Wh/kg，Cel-6 电解质膜能量密度提升最大（8.062 Wh/kg），是 Cel-1 电解质膜的 1.608 倍；Cel-3 电解质膜能量密度增幅最小（5.208 Wh/kg），是 Cel-1 电解质膜的 1.039 倍。10 A/g 电流密度下，Cel-1 电解质膜能量密度为 4.341 Wh/kg，Cel-6 电解质膜能量密度提升最大（7.433 Wh/kg），是 Cel-1 电解质膜的 1.712 倍；Cel-5 电解质膜能量密度增幅最小（5.029 Wh/kg），是 Cel-1 电解质膜的 1.158 倍。结合 SEM 图可知，由于颗粒状的 MnO_2、不同长度管状的 MWCNT 及 PANI 分布在片状的 RGO 上，电解质膜内部比表面积大于其他电解质膜的内部比表面积，所以 Cel-6 电解质膜能量密度高于其他的能量密度，与测试结果相对应。

5.3.3 力学性能分析

1. 孔隙率分析

本分析中，通过掺杂不同物质，形成不同种类的再生纤维素电解质膜，从而造成驱动器各方面性能的差异。采用式（3-1）计算得到掺杂不同物质再生纤维素电解质膜的孔隙率，记录在表 5-3 中，并绘制出图 5-9。

表 5-3 　掺杂不同物质再生纤维素电解质膜的孔隙率值

试剂	编号					均值
	1	2	3	4	5	
Cel-1	76.06%	77.12%	76.54%	75.89%	76.85%	76.49%
Cel-2	83.33%	82.89%	83.68%	82.67%	83.56%	83.23%
Cel-3	84.31%	84.78%	83.93%	84.50%	84.70%	84.44%
Cel-4	87.59%	87.81%	86.74%	87.14%	86.97%	87.25%
Cel-5	85.33%	85.78%	86.13%	84.87%	86.15%	85.65%
Cel-6	82.07%	81.68%	80.77%	81.36%	81.86%	81.55%

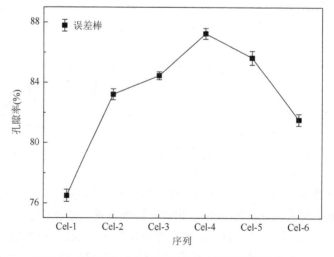

图 5-9 　掺杂不同物质再生纤维素电解质膜的孔隙率

通过表 5-3、图 5-9 可知，进行掺杂处理后，再生纤维素电解质膜的孔隙率增大，结合 SEM 图可知，这是由于掺杂物质在电解质膜内部交叉排布，孔隙结构自然提升。由于各掺杂物不同的形状结构，以及排布规则性不同，Cel-2～Cel-6 电解质膜孔隙率大小不同。电解质膜孔隙率对驱动器影响主要表现为两个方面。一方面，电解质膜内部孔隙结构作为离子传输通道，通过影响运动导电离子传输的数量和速率，进而影响驱动器偏转效果。另一方面，电解质膜内部孔隙结构可直接影响各电解质膜力学性能，孔隙率过大或过小，会造成膜层力学性能变差，导致驱动器电机械输出性能变差。所以电解质膜孔隙率过大或过小都会不利于驱动器输出性能。根据上述实验结果，结合电化学测试参数，推测 Cel-6 再生纤维素电解质膜具有最优电机械输出参数，后面将会进一步探究证明。

2. 强度测试及拉伸曲线分析

在本分析中，将干燥处理后的再生纤维素电解质膜（长度×宽度 = 40 mm×10 mm）以 5 mm/min 的速度进行拉伸实验。为减小实验误差，每个因素测试五组求取平均值，并标出对应的偏差值。图 5-10（a）～（e）分别是电解质膜的拉伸强度、弹性模量、断裂伸长率、应力-应变、拉伸样件。可以发现，进行掺杂处理后，由于掺杂物的存在，再生纤维素电解质膜拉伸强度明显上升，断裂伸长率对应下降，其中，Cel-1 电解质膜具有最大的断裂伸长率和最小的强度。Cel-6 电解质膜由于多种掺杂物的存在，拉伸强度高于其他电解质膜，具有最大的应力值和最小的断裂伸长率。进行掺杂处理后，离子电解质的孔隙率增大，结合 SEM 图说明由于掺杂纳米粒子在电解质膜内部交叉排布，孔隙结构优化。分析可知，离子电解质膜具有良好的伸缩延展性，但强度较小，且孔隙结构较小，致使单位时间内传输离子数目有限，使电化学参数较小。进行掺杂处理后，各电解质膜强度增大，但伸缩性变差。

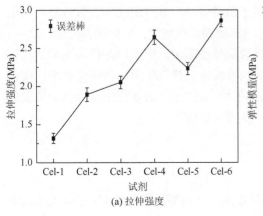

(a) 拉伸强度

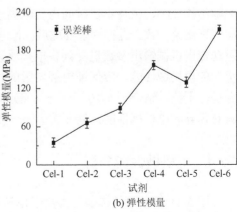

(b) 弹性模量

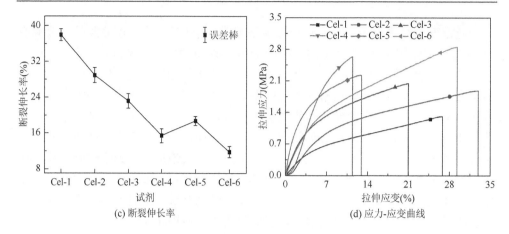

(c) 断裂伸长率　　　　　　　　　　　　(d) 应力-应变曲线

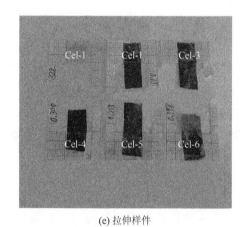

(e) 拉伸样件

图 5-10　共掺杂离子电解质膜的拉伸实验与拉伸样件

　　结合以上所有测试结果可知：驱动器电机械输出性能和使用寿命受电解质膜柔韧性和强度影响较大。Cel-1 电解质膜具有良好的伸缩延展性，但强度较小，且孔隙结构较小，致使单位时间内传输离子数目有限，导致电化学参数较小，与上面测试结果一致。进行掺杂处理后，各电解质膜强度增大，但伸缩性变差。此外，驱动器电机械输出参数也受到各电解质膜质量的影响。因此，为保证驱动器具有优异的电机械性能，应保证电解质膜的拉伸强度、弹性模量、断裂伸长率控制在合适范围值，结合图 5-10（a）～（d），推测 Cel-5 和 Cel-6 再生纤维素电解质膜具有优异的电机械性能，后面将会进一步探究说明。

5.3.4　电机械性能分析

　　图 5-11（a）是共掺杂不同离子电解质膜组成的驱动器在±5 V 正弦波输入电

压下的偏转图。图中各样件时间发生偏移，由于电解质膜内部在电流冲击下不断分解和发生化学反应，所以周期频率会有一定变化。实验表明，基于 Cel-1 电解质膜驱动器的偏转位移为 2.795 mm，基于 Cel-6 电解质膜驱动器具有最大位移 3.778 mm，为基于 Cel-1 电解质膜驱动器的 1.352 倍，是基于 Cel-4 电解质膜驱动器（1.651 mm）的 2.288 倍。可见颗粒状的 MnO_2 极易在电解质膜内部发生团聚，导致电解质膜内阻增大，伸缩延展性变差，致使响应速度和偏转位移减小。同时，基于再生纤维素电解质膜驱动器的峰间位移随着频率的增加而降低，如图 5-11（b）所示。

图 5-11（c）是掺杂不同物质再生纤维素电解质膜组成的驱动器在 5 V 直流电下 120 s 内的偏转位移图。进行掺杂处理后，由于电解质膜内部容纳电荷数目增加，基于再生纤维素电解质膜的驱动器偏转位移都有了极大提升。基于 Cel-6 电解质膜驱动器的偏转位移增幅最大，为基于 Cel-1 电解质膜驱动器的 2.170 倍，偏转位移从 7.504 mm 提升至 16.284 mm。基于 Cel-2 电解质膜驱动器偏转位移增幅最小，为基于 Cel-1 电解质膜驱动器的 1.348 倍，偏转位移为 10.112 mm。各掺杂

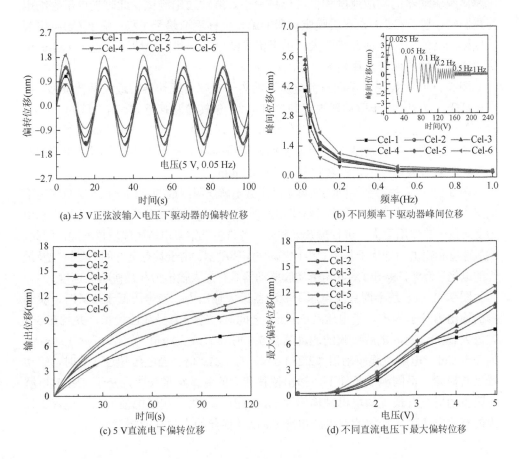

(a) ±5 V 正弦波输入电压下驱动器的偏转位移

(b) 不同频率下驱动器峰间位移

(c) 5 V 直流电下偏转位移

(d) 不同直流电压下最大偏转位移

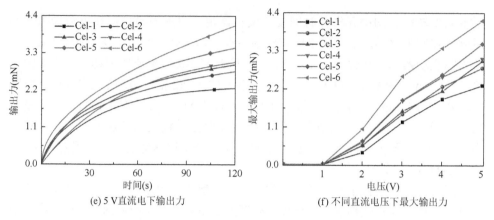

(e) 5 V直流电下输出力　　　　　　　　(f) 不同直流电压下最大输出力

图 5-11　共掺杂离子电解质膜的电机械曲线

物形状结构不同，导致电解质膜内部孔隙结构不同，致使离子传输速率有差异，相应偏转速率不同。其中，测试前 30 s，由于颗粒状的 MnO_2 发生团聚，基于 Cel-4 电解质膜驱动器的响应速度和偏转位移最小。继续通电测试，此时受内部容纳电荷量影响，基于 Cel-1 电解质膜驱动器的偏转位移逐渐趋于平稳，基于 Cel-4 电解质膜驱动器的偏转位移继续增大。由于优异的电化学和力学性能，基于 Cel-6 电解质膜驱动器的偏转位移最大。

　　图 5-11（d）显示了不同直流电压下的离子电解质驱动器的最大偏转位移。当电压低于 1 V 时，由于驱动器内阻和自身重力，偏转位移接近零。当电压为 2～5 V 时，偏转位移呈线性增长并且偏转位移在 5 V 时最大。这表明样件适应不同的电压范围。当测试电压超过 5 V 时，驱动器极易损坏。基于 Cel-6 电解质膜驱动器在 5 V 时具有最大峰值，偏转位移为 16.284 mm。

　　图 5-11（e）是掺杂不同物质再生纤维素电解质膜组成的驱动器在 5 V 直流电下输出力图。掺杂处理后，再生纤维素电解质膜具有优异的电化学性能。此外，输出力受质量影响作用更大，进行掺杂处理后，各再生纤维素电解质膜质量增加，因此，响应速度和输出力均优于基于 Cel-1 电解质膜驱动器。由于具有良好的力学性能及最优的电化学性能，基于 Cel-6 电解质膜驱动器具有最大输出力和最快响应速度。

　　图 5-11（f）是不同直流电压下驱动器最大输出力。当电压低于 1 V 时，驱动器的输出力几乎为零。当电压在 2～5 V 之间时，输出力呈线性增长，并且在 5 V 时最大。基于 Cel-6 电解质膜的驱动器在 5 V 时具有最大峰值，输出力为 4.153 mN，为基于 Cel-1 电解质膜驱动器（2.283 mN）的 1.819 倍。当电压超过 5 V 时，驱动器极易损坏。不同测试条件下，输出位移和力的测试结果表明，基于 Cel-6 电解质膜驱动器具有最优的电机械输出性能，与前面电化学测试中最大的比电容、最快的充放电速率、最大的双电层电容 C_{dl} 以及优异的力学性能相对应。

5.4 本 章 小 结

本章采用共混掺杂处理方法，在纤维素基底中依次添加 MWCNT、RGO、MnO$_2$、PANI 四种不同物质，制备不同种类的再生纤维素掺杂电解质膜，进而组装形成基于 α-纤维素电解质膜的生物相容性离子型驱动器。对掺杂处理后的再生纤维素电解质膜进行微观形貌观察和表征及力学、电化学、电机械性能测试，与 Cel-1 再生纤维素电解质膜做了详细对比。测试结果表明，掺杂处理后，与 Cel-1 电解质膜相比，Cel-2～Cel-6 电解质膜各方面性能均有极大提升，其中 Cel-6 电解质膜性能最佳。CV 测试中，在 20 mV/s 扫描速率下，Cel-6 电解质膜比电容从 38.868 mF/cm^2 增大至 102.101 mF/cm^2，提升 1.627 倍。Cel-2 电解质膜比电容从 38.868 mF/cm^2 增大至 62.896 mF/cm^2，提升 61.8%。这是由于各掺杂物的存在有效改变电解质膜内部比表面积，致使内部容纳电荷能力增大、比电容明显上升。EIS 测试中，Cel-6 电解质膜 C_{dl} 增大为 Cel-1 的 2.697 倍。GCD 测试中，1 A/g 电流密度时，Cel-6 电解质膜能量密度从 6.711 Wh/kg 增大至 11.375 Wh/kg，为 Cel-1 电解质膜的 1.695 倍。拉伸测试表明弹性模量增大 5.177 倍、承受最大应力增大 1.172 倍。在 5 V 直流电时，Cel-6 基驱动器偏转位移从 7.504 mm 提升至 16.284 mm，为 Cel-1 基驱动器的 2.170 倍。输出力为 4.153 mN，为基于 Cel-1 电解质膜驱动器（2.283 mN）的 1.819 倍。在 5 V、0.05 Hz 时，驱动器的峰值位移为 3.777 mm，为 Cel-1 基驱动器的 1.658 倍。随着掺杂物的加入，各掺杂物相互重合交叉依附，颗粒状的 MnO$_2$、不同长度管状的 MWCNT 及 PANI 依附在片状的 RGO 上，分布在电解质膜表面及内部。电解质膜的内部比电容明显增大，并且拉伸强度和柔韧性得到改善。因此，测试结果表明生物相容性离子型驱动器的性能显著提高。

参 考 文 献

[1] Casella I G, Gioia D, Rutilo M. A multi-walled carbon nanotubes/cellulose acetate composite electrode （MWCNT/CA）as sensing probe for the amperometric determination of some catecholamines. Sensors and Actuators B-Chemical，2018，255：3533-3540.

[2] Sun Z Z, Zhao G, Song W L. Investigation into electromechanical properties of biocompatible chitosan-based ionic actuator. Experimental Mechanics，2018，58（1）：99-109.

[3] Acome E, Mitchell S K, Morrissey T G. Hydraulically amplified self-healing electrostatic actuators with muscle-like performance. Science，2018，359（6371）：61-65.

[4] Wu L J, de Andrade M J, Saharan L K. Compact and low-cost humanoid hand powered by nylon artificial muscles. Bioinspiration & Biomimetics，2017，12（2）：026004.

[5] Iftikhar F J, Shah A, Baker P G L, et al. Poly（phenazine 2, 3-diimino（pyrrole-2-yl））as Redox stimulated actuator

· 178 ·

生物凝胶仿生人工肌肉

material for selected organic dyes. Journal of The Electrochemical Society, 2017, 164 (14): B785-B791.

[6] Miriyev A, Stack K, Lipson H. Soft material for soft actuators. Nature Communications, 2017, 8: 596.

[7] Kim S J, Kim O, Park M J. True low-power self-locking soft actuators. Advanced Materials, 2018, 30 (12): 1706547.

[8] Acerce M, Akdogan E K, Chhowalla M. Metallic molybdenum disulfide nanosheet-based electrochemical actuators. Nature, 2017, 549 (7672): 370.

[9] Terasawa N, Asaka K. High-performance polymer actuators based on an iridium oxide and vapor-grown carbon nanofibers combining electrostatic double-layer and faradaic capacitor mechanisms. Sensors and Actuators B-Chemical, 2017, 240: 536-542.

[10] Rasouli H, Naji L, Hosseini M G. Electrochemical and electromechanical behavior of Nafion-based soft actuators with PPy/CB/MWCNT nanocomposite electrodes. RSC Advances, 2017, 7 (6): 3190-3203.

[11] Zhao G, Sun Z Z, Wang J. Electrochemical properties of a highly biocompatible chitosan polymer actuator based on a different nanocarbon/ionic liquid electrode. Polymer Composites, 2017, 38 (11): 2395-2401.

[12] Sang W, Zhao L M, Tang R. Electrothermal actuator on graphene bilayer film. Macromol ecular Materials and Engineering, 2017, 302 (12): 1700239.

[13] Wang Z S, Zhang Q, Long S. Three-dimensional printing of polyaniline/reduced graphene oxide composite for high-performance planar supercapacitor. ACS Applied Materials & Interfaces, 2018, 10 (12): 10437-10444.

[14] Salunkhe R R, Hsu S H, Wu K C W. Large-scale synthesis of reduced graphene oxides with uniformly coated polyaniline for supercapacitor applications. Chemsuschem, 2014, 7 (6): 1551-1556.

[15] Yang Z J, Kuang W Y, Tang Z G, et al. Generic mechanochemical grafting strategy toward organophilic carbon nanotubes. ACS Applied Material & Interfaces, 2017, 9 (8): 7666-7674.